SCHÄFFER
POESCHEL

Reinhart Nagel
Margit Oswald
Rudolf Wimmer

Das Mitarbeitergespräch als Führungsinstrument

Handbuch der OSB für Praktiker

2008
Schäffer-Poeschel Verlag Stuttgart

Bibliografische Information der Deutschen Nationalbibliothek
Die Deutsche Nationalbibliothek verzeichnet diese Publikation in der Deutschen Nationalbibliografie; detaillierte bibliografische Daten sind im Internet über http://dnb.d-nb.de abrufbar.

Gedruckt auf chlorfrei gebleichtem, säurefreiem und alterungsbeständigem Papier.

ISBN: 978-3-7910-3026-5

www.schaeffer-poeschel.de
info@schaeffer-poeschel.de

Einbandgestaltung: Dietrich Ebert, Reutlingen
Satz: Fotosatz Janß, Pfungstadt
Druck und Bindung: CPI – Ebner & Spiegel, Ulm
Printed in Germany
September 2008

Schäffer-Poeschel Verlag Stuttgart
Ein Tochterunternehmen der Verlagsgruppe Handelsblatt

Inhalt

Dritter Teil:
Die Einführung des Mitarbeitergesprächs

Vierter Teil:
Service

Vorwort

Das Mitarbeitergespräch gilt zu Recht als besonders wirksames Instrument zur Entwicklung der Kommunikations- und Führungskultur. Es ergänzt die Alltagskommunikation um eine Gesprächsform, mit deren Hilfe strategische Fragen zwischen der Führungskraft und den einzelnen Mitarbeitern individuell und effizient bearbeitet werden können.

Ein Blick hinter die Kulissen vieler Unternehmen zeigt aber, daß dieses Instrument durch sorglose Einführung und mangelnde interne Pflege häufig nicht wirklich gelebt wird oder gar zu einem sinnentleerten bürokratischen Ritual verkümmert ist.

Dieses Buch wendet sich an alle, die im Bereich von Management und Unternehmensführung arbeiten und die sich einen Überblick über die praktischen Möglichkeiten des Mitarbeitergesprächs verschaffen möchten. Also an all jene Führungskräfte, die qualitative Mitarbeitergespräche führen wollen, sowie an Experten aus Personal- und Organisationsabteilungen, die mit Einführung und Pflege von Führungsinstrumenten betraut sind.

Das Buch gliedert sich in vier Teile: *Der erste Teil* „Das Mitarbeitergespräch im Überblick“ richtet sich an Leser, die das Mitarbeitergespräch „vom Hörensagen“ kennen, die für die Praxis relevanten Aspekte auffrischen und unmittelbare Tips für den Einsatz im eigenen Unternehmen bekommen wollen:

- Ein Informationsblock beschreibt zunächst Inhalt und Aufbau des Mitarbeitergesprächs. Der anschließende Vorbereitungsleitfaden vertieft die fünf Hauptbestandteile. Im daran anschließenden Kapitel „Zur Gesprächsführung“ geht es um die unterschiedlichen, ineinander verwobenen Gesprächstypen dieser speziellen Kommunikationsform. Fragende Gesprächsführung, Feedbackgespräch und Aushandlungsgespräch werden anhand praxisnaher Beispiele verdeutlicht.

- Konkrete Tips für die Einführung des Mitarbeitergesprächs runden den Praxisteil ab.

Der zweite Teil ist dem „State-of-the-Art“ rund um das Mitarbeitergespräch gewidmet. Er richtet sich an jene Leser, die sich nicht nur für das „Wie“, sondern auch für das „Warum“ interessieren.

- Das Kapitel „Zur inneren Logik“ beschreibt die Organisationsdynamik, die in vielen Unternehmen einem erfolgreichen Einsatz des Mitarbeitergesprächs entgegensteht, und analysiert die Rahmenbedingungen für ein Gelingen. In diesem Zusammenhang geht es schließlich auch um den Stellenwert des Mitarbeitergesprächs im Kontext anderer Steuerungsinstrumente.
- Das Kapitel über die „Rolle der Führungskraft in Problemlösungsprozessen“ vertieft kommunikationstheoretische Überlegungen zu speziellen Formen der Gesprächs- und Fragetechnik.
- Im Kapitel „Zielorientierung und variable Vergütungssysteme“ geht es schließlich um die Kopplung der individuellen Gehaltsfindung bzw. teambezogener Leistungsprämien an vereinbarte Ziele. Dieses Prinzip setzt sich in der Industrie immer mehr durch und wird anhand eines verallgemeinerten Fallbeispiels dargestellt.

Der dritte Teil rückt die Einführung des Mitarbeitergesprächs in den Mittelpunkt. Eine sorgsame und durchdachte Implementierung ist bereits „die halbe Miete“, was diese Phase besonders wichtig macht. Dieses Kapitel richtet sich daher besonders an Experten aus Personal- und Organisationsabteilungen sowie an Berater, die mit der Einführung und Pflege von Führungsinstrumenten professionell betraut sind.

- Das Fallbeispiel der Stahl AG illustriert die wichtigen Phasen mit ihren bedeutsamsten Schlüsselstellen.
- Im Rahmen dieses Kapitels kommen auch die Mitarbeiter zu Wort: Wie erleben sie dieses Führungsinstrument? Welche Ängste und Befürchtungen löst es bei ihnen aus? Wie kommen die verschiedenen Teile des Gesprächs bei ihnen an? Erst wenn die Führungskraft um deren Standpunkte und Perspektiven weiß, kann sie ein Mitarbeitergespräch wirksam und verantwortungsbewußt führen.
- Das Fallbeispiel schließt mit einer Zusammenfassung der wichtigsten Aspekte für den Erfolg des Mitarbeitergesprächs.

Der vierte Teil dient als Serviceteil und enthält konkrete, in der Praxis bewährte Vorbereitungsbögen für Führungskräfte und Mitarbeiter sowie Protokolle zur Dokumentation der Gesprächsinhalte.

Dieses Praktikerbuch beschreibt unsere jahrelangen Erfahrung bei der Einführung des Mitarbeitergesprächs in vielen Unternehmen und anderen Organisationen. Insbesondere bedanken wir uns bei all jenen, mit denen wir die spezifische OSB-Methode gemeinsam entwikkeln durften: der VOEST Alpine Stahl AG, der dieses Instrument seine industriespezifischen Ausprägungen verdankt, dem Bundeskanzleramt der Republik Österreich, mit dem wir es für den öffentlichen Dienst adaptiert haben, und dem Krankenhaus Lainz, wo wir eine Weiterentwicklung für den Gesundheitsbereich einleiten konnten.

Darüber hinaus möchten wir uns bei unseren Kolleginnen und Kollegen der OSB bedanken, deren professionelle Erfahrungen den OSB-Ansatz des Mitarbeitergesprächs mitgeprägt haben. Insbesondere gilt unser Dank Gudrun Vater, Christa Berger, Richard Timel, Harald Allabauer, Ernst Domayer und Siegfried Ottmayer. Ferner danken wir Gertrude Walch (Bundesministerium für Umwelt, Jugend und Familie der Republik Österreich) und Greta Krammer, die Fallbeispiele zu ausgewählten Aspekten dieses Buches zur Verfügung stellten.

Eine Bemerkung sei uns schließlich noch gestattet. In der einschlägigen Literatur hat sich in den letzten Jahren die ausdrückliche Aufzählung der Geschlechter eingebürgert, was mitunter zu sehr komplizierten Satzgebilden führt. Wir haben aus Gründen der Lesbarkeit in diesem Buch darauf verzichtet, möchten allerdings an dieser Stelle darauf hinweisen, daß mit den Mitarbeitern selbstverständlich auch die Mitarbeiterinnen, und mit dem Vorgesetzten ebenso die Vorgesetzte gemeint sind.

Wien, im Mai 1999

Erster Teil:

Das Mitarbeitergespräch im Überblick

1. Inhalt und Aufbau

Was ist das Mitarbeitergespräch?

Was immer die Aufgabenstellung sein mag, die Arbeit in einem Unternehmen oder auch in anderen Organisationen wird ganz wesentlich von Gesprächen beeinflußt, Gesprächen unter Mitarbeitern und zwischen Vorgesetzten und deren Mitarbeitern.

Die Alltagskommunikation ist für eine Auseinandersetzung über Grundsatzfragen allerdings wenig geeignet: Ziele und Ergebnisse der Arbeit, gravierendere Probleme, Fragen der Zusammenarbeit sowie das Gespräch über die weitere berufliche Entwicklung werden daher oft nicht besprochen. Damit derartige Themen nicht zu kurz kommen, benötigen sie in jeder Organisation einen besonderen Platz – eine „Auszeit" – wo Grundsätzliches ernsthaft bearbeitet werden kann.

Das Mitarbeitergespräch – eine „Auszeit" für Grundsätzliches.

Das jährlich stattfindende Mitarbeitergespräch ist ein solcher Rahmen. Unter vier Augen werden – mit bewußtem Abstand zum Tagesgeschehen – zentrale Inhalte der Beziehung zwischen Mitarbeitern und Vorgesetztem systematisch erörtert: Zum einen entsteht in einer *Rückschau* auf das vergangene Jahr eine Bilanz der bisherigen Leistungen und der Art der Zusammenarbeit; der zweite Teil ist eine *Vorausschau*, in der Ziele und Unterstützungsmaßnahmen für den Mitarbeiter sowie Spielregeln der Kooperation vereinbart werden.

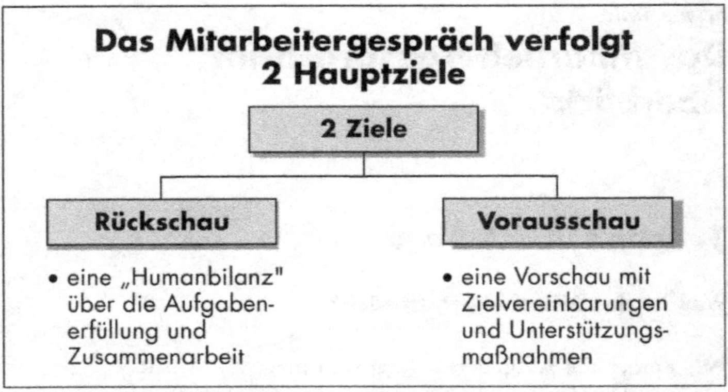

Abb. 1: Die beiden Blickrichtungen des Mitarbeitergesprächs

Die Hauptinhalte

Die beiden großen Bereiche des Mitarbeitergesprächs, um die es zwischen den Gesprächspartnern geht – *Rückschau* und *Vorausschau* –, werden in der Praxis in fünf Arbeitsschritten behandelt:

1. *Rückschau auf die Aufgaben und Ergebnisse der vergangenen Periode*

Mögliche Positionen einer solchen Leistungs- und „Humanbilanz" sind:

- Zufriedenheit mit der Leistung des Mitarbeiters;
- Klarheit über Zuständigkeiten und Verantwortungsbereiche;
- förderliche und hemmende Faktoren für die Zielerreichung;
- Veränderungsvorschläge als künftige Basis für bessere Leistungen;
- Wirksamkeit bisheriger Fördermaßnahmen.

2. *Eignungsschwerpunkte des Mitarbeiters*

- Stärken, Schwächen und Lernfelder;
- fachliche Interessen;

- Potentiale und Fähigkeiten, die derzeit nicht genutzt werden;
- weitere Entwicklungsperspektiven.

3. *Zusammenarbeit und Führung*
- Führungsaufgaben und Führungsverständnis des Vorgesetzten;
- wechselseitige Erwartungen an die Zusammenarbeit, Spielregeln für diese Kooperation;
- Zusammenarbeit mit Kollegen und anderen Personen aus dem Arbeitsumfeld;
- Kooperation mit anderen Organisationseinheiten („Schnittstellenprobleme").

4. *Vereinbarung über künftige Aufgaben und Kriterien für die Einschätzung der Ergebnisse*
- mittel- und langfristige Aufgaben und Perspektiven der Organisationseinheit;
- daraus abgeleitete Schwerpunktaufgaben;
- Festlegung künftiger Ziele und Maßstäbe für den Erfolg.

5. *Entwicklungsmaßnahmen*
- Maßnahmen zur Entwicklung des Mitarbeiters.

Was bringt das Mitarbeitergespräch?

Das Mitarbeitergespräch als Kernelement der kooperativen Führungskommunikation erfordert einen nicht zu unterschätzenden Zeitaufwand. Diese „Zeitinvestition" rechnet sich in aller Regel allerdings nur dann, wenn die Führungskraft bereit ist, auf Vorschläge ihres Mitarbeiters einzugehen. Sind die Ziele genau formuliert und die Prioritäten festgelegt, kann der Mitarbeiter im Rahmen eines Zielkorridors eigenständiger entscheiden. Die Führungskraft ihrerseits gewinnt durch erfolgreiches

Delegieren ebenfalls an Freiraum. Und schließlich werden größere Demotivationen und gravierendere Konflikte meist schon durch das „Frühwarnsystem" des Mitarbeitergesprächs von vornherein entschärft, weil der „Sand im Getriebe" des Arbeitsalltags von Zeit zu Zeit „herausgewaschen" wird.

Durch das Mitarbeitergespräch verändert sich oft die gesamte Führungskultur.

Potentielle Vorteile liegen also auf allen Ebenen. In der Praxis hängen Erfolg und Akzeptanz des Mitarbeitergesprächs vor allem davon ab, ob auch tatsächlich alle einen nachhaltigen Nutzen daraus ziehen können.

Der Nutzen für die Beteiligten im einzelnen:

- *Für das Unternehmen oder auch andere Organisationen* ergibt sich ein wichtiger Nutzen aus der Verknüpfung ihrer strategischen Zielsetzungen mit den Arbeitsschwerpunkten jedes einzelnen Mitarbeiters. Gesamtziele können mit diesem Instrument kaskadenartig „heruntergebrochen" werden, und durch gemeinsames Vereinbaren von Zielen und Aufgaben zwischen Mitarbeitern und Führungskraft steigen in der Regel innere Beteiligung und Engagement der Gesprächspartner.

  Gelingt das Mitarbeitergespräch, so entsteht durch den Gedankenaustausch zwischen Führungskraft und Mitarbeiter außerdem häufig ein vertieftes Vertrauensverhältnis; Unsicherheiten werden abgebaut, was die Kommunikation und die Zusammenarbeit im Unternehmen verbessert.
- *Die Führungskraft* hat im Rahmen des Mitarbeitergesprächs Gelegenheit, mit ihren Mitarbeitern die Leistungen des vergangenen Arbeitsjahres zu besprechen. Der offene Dialog fördert die Kooperation und das gegenseitige Verständnis bei der Lösung von Schwierigkeiten und Problemen. Darüber hinaus bietet ihr das Mitarbeitergespräch auch die Chance, Rückmeldungen über die eigene Führungsarbeit und Hinweise auf die Motivation der Mitarbeiter zu erhalten.

Wenn das Mitarbeitergespräch nicht zu einer „Befehlsausgabe" degeneriert ist, sondern Wissen und Erfahrungen der Mitarbeiter einbezogen werden, wächst die Identifikation mit der Arbeit. Die Planung für das kommende Jahr kann in einem solchen „Aushandlungsprozeß" an den Stärken und Schwächen der einzelnen ausgerichtet werden, was meist einen weiteren Motivationsschub auslöst.

- *Dem Mitarbeiter* bietet ein solches Gespräch eine Gelegenheit, sich mit den Zielen des Unternehmens und der Abteilung und deren Auswirkungen auf seinen Arbeitsplatz auseinanderzusetzen. Er erhält Rückmeldung, inwieweit die Beurteilung der Führungskraft mit seiner eigenen Einschätzung der persönlichen Leistungen übereinstimmt.

  Im Rahmen der gemeinsamen Zielvereinbarung kann der Mitarbeiter aktiv an der Planung künftiger Aufgaben mitwirken. Eine gelungene Zielvereinbarung vermittelt ihm Klarheit über künftige Aufgaben und Arbeitsschwerpunkte. Darüber hinaus kann er diese Arbeitsbilanz nutzen, um der Führungskraft Rückmeldungen über ihre Führungsarbeit zur Verfügung zu stellen. Auf der persönlichen Ebene ist das Mitarbeitergespräch schließlich ein geeigneter Rahmen, um die Möglichkeiten beruflicher Entwicklung auszuloten. Unter Berücksichtigung besonderer Fähigkeiten und persönlicher Interessen können Fördermaßnahmen vereinbart sowie eigene Vorstellungen, Interessen und Ziele eingebracht werden.

Es liegt letztlich in der Hand der beiden Gesprächspartner, ob sie das Gespräch für eine fruchtbare Führungskommunikation nutzen wollen. Wenn es gelingt, alle Beteiligten ernsthaft einzubeziehen, dann verändert sich erfahrungsgemäß die Führungskultur. In diesem Sinne erleben wir das Mitarbeitergespräch häufig als Hebel zur Entwicklung des ganzen Unternehmens.

2. Ein Leitfaden zur Vorbereitung

Die richtige Einstimmung und Vorbereitung auf das Mitarbeitergespräch ist eine wesentliche Grundlage für den Erfolg. Es hat sich bewährt, die fünf Themenbereiche in einer ganz bestimmten Art und Weise aufzubereiten.

Der folgende Leitfaden ist für eine derartige Vorbereitung gedacht und aus der Perspektive der Führungskraft formuliert. Im Serviceteil finden Sie diese Vorbereitungsunterlagen sowohl aus der Sicht des Mitarbeiters als auch aus der des Vorgesetzten.

Einstimmung

Bevor Sie diesen Leitfaden – der als Anregung zu verstehen ist – durcharbeiten, stimmen Sie sich auf Ihren Gesprächspartner und das bevorstehende Gespräch ein.

Stimmen Sie sich auf Ihren Gesprächspartner ein.

Überlegen Sie, wie Ihre momentane Beziehung aussieht, welche erfreulichen und belastenden Situationen aus dem vergangenen Jahr Ihnen in Erinnerung sind. Welche Auswirkungen hatten diese auf Ihre bisherige Zusammenarbeit? Welche Art von Gesprächsbasis haben Sie heute miteinander? Was möchten Sie in dieser Hinsicht in dem bevorstehenden Mitarbeitergespräch erreichen? Welche innere Einstellung und persönliche Haltung ist für die Verwirklichung dieses Zieles förderlich?

Rückschau

- Für welche Tätigkeitsbereiche hat Ihr Mitarbeiter im vergangenen Jahr den Großteil seiner Zeit aufgewendet? Es geht dabei nicht so sehr um formale Festlegungen, sondern um tatsächlich durchgeführte Arbeiten.

- Sind aus Ihrer Sicht die Zuständigkeiten Ihres Mitarbeiters klar geregelt und mit ihm abgesprochen?
- Welche Zielvereinbarungen wurden zu diesen Schwerpunkten und Zuständigkeiten getroffen?
- Inwieweit hat Ihr Mitarbeiter die vereinbarten und ihm übertragenen Aufgaben erfüllt? Was ist gelungen? Was ist verbesserungswürdig? Und wodurch wurde die Erfüllung der Aufgaben beeinflußt? Beziehen Sie auch Fördermaßnahmen in Ihre Überlegungen mit ein. Was ist diesbezüglich geschehen? Mit welchem Ziel? Was hat es gebracht? Und was hat sich im alltäglichen Arbeitsgeschehen bewährt/nicht bewährt?
- Welche Kriterien sind aus Ihrer Sicht wichtig, damit Ihr Mitarbeiter seine Aufgaben erfüllen kann? Rufen Sie sich diesbezüglich Beispiele in Erinnerung, die Ihre Einschätzung verdeutlichen.
- Welche organisatorischen Maßnahmen scheinen Ihnen sinnvoll, um die Aufgaben Ihrer Organisationseinheit effizienter zu gestalten?

Eignungsschwerpunkte

- Wo sehen Sie die fachlichen und persönlichen Stärken Ihres Mitarbeiters? Entfaltet er sich stärker im eigentlichen Fachgebiet oder in angrenzenden Fachgebieten? Handelt es sich eher um einen Generalisten oder einen Spezialisten? Welche Beobachtungen konnten Sie in seinem Umgang mit Kollegen, Mitarbeitern, Vorgesetzten, anderen Dienststellen oder im Kontakt mit Kunden machen?
- Welche besonderen fachlichen Interessen beobachten Sie bei Ihrem Mitarbeiter?
- Worin sehen Sie etwaige persönliche wie fachliche Probleme Ihres Mitarbeiters, die ihn bei der Erfüllung seiner Aufgaben behindern? In welchen Situationen zeigen sich diese?

- Welche Begabungen Ihres Mitarbeiters wollen Sie aufgrund seiner Leistungen in der künftigen Arbeit besonders berücksichtigen? Wie können diese besonderen Eignungen in die zukünftige Aufgabenstellung – innerhalb der Organisationseinheit bzw. innerhalb des Unternehmens – erfolgreich einfließen?
- Hat Ihr Mitarbeiter Eignungen und Fähigkeiten, die er bei seiner derzeitigen Verwendung nicht einbringen kann?
- Welche weiteren Entwicklungsperspektiven sind für den Mitarbeiter aus Ihrer Sicht denkbar?

Führung und Zusammenarbeit

- Was betrachten Sie als Ihre wichtigsten Führungsaufgaben (zum Beispiel informieren, motivieren, delegieren, entscheiden, kontrollieren, Strategien entwickeln, Ziele definieren, Mitarbeiter entwickeln ...)?
- Was davon möchten Sie mit Ihrem Mitarbeiter besprechen, weil es aus Ihrer Sicht für die gemeinsame Arbeit notwendig ist?
- Welche Erwartungen haben Sie an Ihren Mitarbeiter hinsichtlich der Zusammenarbeit? Was sollte beibehalten werden? Was sollte sich aus Ihrer Sicht ändern?
- Welche bisherigen Erfahrungen haben Sie mit Ihrem Mitarbeiter gemacht hinsichtlich seiner Zusammenarbeit
  - mit gleichgestellten Kollegen?
  - mit seinen eigenen Mitarbeitern?
  - mit anderen Organisationseinheiten im Unternehmen?
- Welche Erwartungen knüpfen Sie deshalb künftig an das Verhalten Ihres Mitarbeiters?
- Wie möchten Sie, daß Ihr Mitarbeiter den Kontakt zu Kunden und sonstigen Außenstehenden gestaltet?

Ziele, Aufgaben und Erfolgskriterien

- Was sind die mittel- und langfristigen Aufgaben und Entwicklungsschwerpunkte Ihrer Organisationseinheit? Welche Prioritäten möchten Sie als verantwortliche Führungskraft diesbezüglich setzen?
- Sind Sie selbst über die mittel- und langfristige Ausrichtung und die Entwicklungsschwerpunkte Ihrer Organisationseinheit ausreichend informiert? Wenn nein, wie können Sie sich diesbezügliche Informationen beschaffen?
- Welche Aufgaben und Zielsetzungen sehen Sie für Ihren Mitarbeiter und dessen Verantwortungsbereich im nächsten Jahr? Was wird gleichbleiben? Wo erwarten Sie Neuerungen?
- Welche Voraussetzungen (in sachlicher und personeller Hinsicht, Zeit und Kompetenzen) benötigt Ihr Mitarbeiter dazu?
- Welche Auswirkungen hat die Festlegung dieser Aufgaben auf Ihre übrigen Mitarbeiter sowie auf andere Organisationseinheiten und Dienststellen und deren Aufgaben? Gibt es diesbezüglich einen gemeinsamen Klärungs- und Abstimmungsbedarf? Wenn ja, mit wem?
- Welche konkreten Ergebnisse erwarten Sie von Ihrem Mitarbeiter bis zum Ende der nächsten Periode? An welchen Kriterien werden Sie Arbeit und Ergebnisse messen?

Entwicklungsmaßnahmen

- Wodurch können Sie die Qualifikation Ihres Mitarbeiters in fachlicher und persönlicher Hinsicht fördern? Welche konkreten Schritte und Maßnahmen sind unbedingt erforderlich? Welche sind denkbar und wünschenswert?

- Was können Sie zur Verwirklichung dieser Vorhaben beitragen (Begleitung, Zeit, Fortschrittsgespräch, Umsetzung der in Seminaren erworbenen Kenntnisse in den Arbeitsalltag ...)? Was kann Ihr Mitarbeiter selbst beitragen? Welche Erwartungen haben Sie diesbezüglich?
- Beispiele für verschiedene Entwicklungsmaßnahmen finden Sie im Serviceteil.

3. Wie führt man ein Mitarbeitergespräch?

Das Mitarbeitergespräch ist eine speziell anspruchsvolle Kommunikationsform, die sich von Alltagskontakten zwischen Mitarbeitern und Führungskraft stark unterscheidet. Das Besondere an dieser Art der Kommunikation besteht darin, daß in den verschiedenen Phasen des Gesprächs sehr unterschiedliche Formen der Gesprächsführung zum Zuge kommen. In der Praxis sind diese Gesprächstypen naturgemäß nicht säuberlich zu trennen. Sie fließen ineinander, genauso wie die Gesprächsführung auch zwischen den Gesprächspartnern wechseln kann.

Gesprächsformen

Grundsätzlich sind drei verschiedene Typen der Gesprächsführung im Verlauf des Mitarbeitergesprächs zu beobachten:

- *Die fragende Gesprächsführung* unterstützt die gemeinsame Diagnose überall dort, wo es zunächst darum geht, Informationen zu sammeln, sich ein differenziertes Bild von einem Sachverhalt wie der Arbeit in der zurückliegenden Periode oder dem Leistungsprofil eines Mitarbeiters zu verschaffen. Eine fragende

Grundhaltung, die voraussetzt, daß man sich für sein Gegenüber tatsächlich interessiert, schützt vor vorschnellen Urteilen und signalisiert darüber hinaus, daß man sein Gegenüber ernst nimmt. Sie ist die Ausgangsbasis, um zu einer gemeinsamen Sicht der Dinge zu finden.

- *Das Feedbackgespräch* hilft, sich über die Wirkungen, die man bei seinem Gegenüber ausgelöst hat, ein Bild zu machen und trägt somit dazu bei, das Selbstbild mit dem Fremdbild des Gesprächspartners abzugleichen. Es ist ein emotional heikler Austausch von Sichtweisen und Erlebnissen, heikel allein schon deswegen, weil jede Diskrepanz von Selbst- und Fremdbild beunruhigt und häufig entsprechende Gegenreaktionen auslöst.
- *Das Aushandlungsgespräch* trägt dazu bei, gemeinsame Vereinbarungen – etwa über Ziele und Prioritäten – zu treffen. Darüber hinaus ist diese Gesprächsform bei der Vereinbarung von Fördermaßnahmen angebracht, mit deren Hilfe sich der Mitarbeiter auf strategische Ausrichtungen des Unternehmens einstellen oder für neue Aufgaben qualifizieren soll.

Natürlich sind die genannten Gesprächsführungstypen nicht auf das Mitarbeitergespräch beschränkt. Sie stellen für die kommunikative Gestaltung von Führungssituationen generell ein bedeutendes Instrumentarium bereit. Wir werfen daher im folgenden einen genaueren Blick auf diese drei Gesprächsformen.

Die fragende Gesprächsführung

Wenn man eine Situation nicht präzise beurteilen kann, empfiehlt es sich, zunächst einmal gründlich zu fragen. So banal dies auf den ersten Blick klingt, so schwierig ist es im Alltag, diesem Prinzip zu folgen. Viele Führungskräfte glauben nach wie vor, auf alles immer sofort eine Antwort parat haben zu müssen – entweder, weil ihre Position ein „Nichtwissen" scheinbar nicht erlaubt, oder, weil ihr Beruf sie auf Wissen und rasche Antwortfähigkeit konditioniert.

Nicht zuletzt birgt eine fragende, neugierige und offene Grundhaltung auch durchaus Risiken: das Risiko, überrascht zu werden, die Dinge aus einem anderen, ungewohnten Blickwinkel zu sehen, in der eigenen Sicht nicht nur bestätigt zu werden.

Lernen Sie die „inneren Landkarten" Ihrer Mitarbeiter kennen.

Daher ist die fragende Gesprächsführung eine nützliche Methode, etwa um die Sicht des Personals zur vergangenen Arbeitsperiode genauer kennenzulernen. In ihrem Rahmen erhält der Mitarbeiter die Möglichkeit, Einschätzungen und Beobachtungen darzulegen, ohne daß die Position der Führungskraft sofort dagegen gehalten wird.

Aus der Sicht des Mitarbeiters geht es dabei zunächst einmal um die folgenden Punkte:

- Was hat sich in der vergangenen Periode ereignet?
- Wie schätzt er seine Erfolge und Mißerfolge ein?
- Warum wurden bestimmte Ziele erreicht und andere nicht?
- Womit ist er unzufrieden?
- Wie sehen seine persönlichen Erfolgskriterien aus und welche vermutet er auf seiten seiner Führungskraft?

Auf diese Weise kann die Führungskraft die „inneren Landkarten" ihres Mitarbeiters kennenlernen. Was ist ihm besonders wichtig? Welche Probleme sieht er? Und wo befinden sich seine blinden Flecken?

Um all dies herauszufinden, ist geduldiges Nachfragen und neugieriges Zuhören erforderlich. Erfahrungsgemäß ist es empfehlenswert, sich zwischendurch zu vergewissern, ob man den anderen richtig versteht – etwa, indem man den Eindruck, den man beim Zuhören gewonnen hat, in eigene Worte faßt und dem Gesprächspartner „zurückspiegelt". Erst wenn dies ausführlich geschehen ist, sollte die Führungskraft die eigene Sicht der Dinge darstellen, um dadurch Gemeinsamkeiten und Unterschiede herausarbeiten zu können.

Das Fragegespräch dient dazu, die Standpunkte und Grundüberzeugungen beider Gesprächspartner in Worte zu fassen und unterschiedliche Einschätzungen sichtbar und besprechbar zu machen. Ein Austausch gerade über solche Punkte, die unterschiedlich gesehen werden, hat meist den höchsten Informationswert für die Diagnose.

Erst wenn in den wichtigen Punkten eine gemeinsame Sicht hergestellt ist, wird es möglich, einvernehmliche Vereinbarungen über Ziele, Prioritäten und Veränderungen in der nächsten Periode zu treffen. Die fragende Gesprächsform erlaubt nicht nur ungeahnte Einblicke in die Welt des Partners, sie ist auch ein hervorragendes Instrument, um Mitarbeiter zur Entwicklung eigener Lösungen anzuregen.

Häufig finden Mitarbeiter angemessene Lösungen, weil sie im Arbeitsprozeß stehen und in der Regel am besten wissen, welche Ansätze und Verbesserungen am ehesten greifen. Auf diese Weise wird der Führungsprozeß zu einem gemeinsamen Lernprozeß, der beiden Seiten letztlich wesentlich größere Sicherheit vermittelt.

Tell me – and I will forget. Show me – and I will understand. Involve me – and I will be engaged: So einfach sich diese Prinzipien auch anhören mögen, so schwierig ist es, sie in der Praxis umzusetzen. Viele Führungskräfte haben Schwierigkeiten, sich von ihrer Perspektive und ihren Strategien zu distanzieren und sie durch ihre Mitarbeiter in Frage stellen zu lassen. Diese Form des Führens bereitet ihnen nicht zuletzt deshalb Probleme, weil sie befürchten, die Kontrolle zu verlieren. Da schwingt oft die überkommene Vorstellung mit, daß eine Führungskraft schwach ist, wenn sie sich auf einen gemeinsamen Klärungsprozeß einläßt und nicht einfach bestimmt, wie die Welt zu sehen sei.

Dieser Fehleinschätzung liegt allerdings noch ein weiteres, weit verbreitetes Mißverständnis zugrunde. Wer den anderen versteht, gibt damit noch lange nicht sein Einverständnis. Wer mit der beschriebenen Art durch Fragen Informationen bezieht, kann im Anschluß daran sehr wohl den Mitarbeiter mit der eigenen Sichtweise konfrontieren. Erst dadurch werden bestehende Unterschiede transparent und können bearbeitet werden.

Woran kann man ein gelungenes Fragegespräch erkennen? Einer der sichersten Maßstäbe ist der Informationsstand des Mitarbeiters. Weiß nach dem Gespräch nicht nur die Führungskraft mehr über den Mitarbeiter, sondern auch der Befragte mehr über sich selbst als vorher, so darf man getrost von einem guten Erfolg des Gesprächs ausgehen. Denn letztlich geht es um nichts anderes als um eine gemeinsame Forschungsreise, bei der dem Fragenden gleichsam die Rolle eines Archäologen zukommt, der bislang Zugeschüttetes zugänglich macht und dem bislang Unausgesprochenen Sprache verleiht.

Neben einer offenen, neugierigen inneren Einstellung des Fragenden erweist sich der folgende Leitfaden häufig als gute Stütze. Der Fragende kann die für das Gespräch wünschenswerte Offenheit dadurch fördern, daß er sich mit einer bestimmten inneren Haltung mit der Welt des Gesprächspartners auseinandersetzt. Neugier, Interesse und Empathie sind die besten Voraussetzungen für ein offenes Gesprächsklima. Dazu noch zwei Hinweise:

- *Kennen Sie sich nicht zu früh aus, und ziehen Sie keine vorschnellen Schlüsse*. Statt dessen Neugier: „Ich möchte eine alte Stadt ausgraben. Vielleicht entdecke ich eine mir unbekannte Kultur!"
- *Über nichts und niemanden den Stab brechen*. Der Befragte folgt seiner eigenen Logik. Diese gilt es zu entschlüsseln und zunächst einmal nur zu verstehen.

Zehn Tips für gelungenes Fragen

1. *Zuhören statt reden*
Das Fragegespräch ist mißlungen, wenn der Fragende ständig selbst spricht. Daher sollten alle Alarmglocken schrillen, wenn der Befragte mit Floskeln wie „Darf ich auch einmal was sagen?" versuchen muß, zu Wort zu kommen. Generell sollten die Antworten den größten Teil des Gesprächs ausmachen.

2. *Zunächst keine Reaktion außer Verständnis zeigen*
Es sollte möglichst gelingen, dem anderen auch nonverbal zu signalisieren, daß man ihn verstehen will. Störend wirkt es, Zweifel zu äußern oder vielsagend zu lächeln; dadurch wird der andere verunsichert und geht in die Defensive.

3. *Die Fragehaltung nicht aufgeben*
Ein Rollenwechsel kann peinlich werden. Bringt der Befragte den Fragenden selbst permanent in die Rolle des Antwortenden, sollte man das Verhältnis ganz bewußt wieder umdrehen – möglichst, ohne den anderen zu brüskieren.

4. *Den Gesprächsverlauf im Blick behalten*
- indem man nicht selbst abrupt das Thema wechselt („Was Sie dazu sagen, interessiert mich im Moment nicht. Ich will eher auf den Punkt … zu sprechen kommen.");
- indem man das Thema zwar wechselt, wenn der Gesprächspartner das will, aber den Ausgangspunkt im Auge behält und darauf so bald wie möglich zurückkommt.

5. *Suggestiv- und Alternativfragen vermeiden*
Möglichst keine Fragen stellen, auf die der andere nur

mit „Ja“ oder „Nein“ antworten kann. Das Gespräch schläft sonst ein.
Ebenso sind Suggestivfragen zu vermeiden. Ansonsten unterstellen Sie Ihrem Gegenüber eine bereits vorgefaßte Meinung. („Haben Sie das nicht auch bemerkt?“ Besser: „Was haben Sie bemerkt?“)

6. Einfache Fragen

Der Gefragte soll den Eindruck haben, frei reden zu dürfen. Geeignet sind kurze, einfache Formulierungen, die der andere mit eigenen Inhalten füllen kann.

7. Fehler vermeiden wie:

- Typisierungen: „Sie als Vertreter der Opposition können mir sicher sagen, wie ...“
- Komplizierte Kombinationen: „Meinen Sie nicht auch, daß Herr Meier das auch gemeint haben könnte?“
- Geistreiche Maßregelungen: „Könnte man nach diesem blendenden Exkurs vielleicht wieder zur Sache kommen?“
- Psychologische Belehrungen: „Finden Sie Ihre Rationalisierungen nicht selber krankhaft?“

8. Die Stille aushalten

Ein Gespräch wird abgetötet, wenn Pausen nicht ausgehalten werden. Nicht drängen oder Verlegenheitsfragen stellen! Man kann niemanden zum Reden zwingen. Man muß akzeptieren, wenn der andere nicht oder noch nicht Stellung bezieht. Gründe dafür suchen!

9. Nicht psychologisieren, emotionale Probleme direkt ansprechen

„Haben Sie Minderwertigkeitskomplexe?“ Der Gefragte wird mit „Nein“ antworten, auch wenn er sich minderwertig fühlt. Wenn aber der andere Gefühle äußert, nachfragen: „Warum?" oder „Was finden Sie minderwertig?"

10. Zeit haben
Sich nicht zu schnell zufrieden geben, sondern nachfragen. In der Regel scheut man sich aus Angst, eine peinliche Situation heraufzubeschwören, vor klärenden Folgefragen. Diese vielfach unberechtigte Scheu versperrt gerade im Mitarbeitergespräch den Zugang zu den wichtigsten Informationen. Lassen Sie sich aus Berichten Details erzählen: „Was noch ...". Wenn der andere sagt, das sei so, fragen „Warum ist das so?" oder „Wie ist das im konkreten Fall?" „Warum"-Fragen sind am besten geeignet, verdeckte Motive und tieferliegende Grundüberzeugungen zutage zu fördern.

Feedback geben und empfangen

Feedback heißt wörtlich übersetzt „Rückfütterung". In der Kybernetik ist die Rückkoppelung ein wichtiger Mechanismus, mit dessen Hilfe Systeme ihre überlebensnotwendigen Orientierungen erzeugen. Im übertragenen Sinne kann Feedback deshalb auch als Nahrung verstanden werden, die zum Überleben in sozialen Systemen beiträgt. Denn wie andere eine Person erleben, bestimmt in hohem Maß die sozialen Chancen dieser Person – sowohl im privaten als auch im beruflichen Kontext. Der Feedback-Empfänger bekommt letztlich immer etwas – sei es eine Bestätigung oder eine Anregung.

Substantielle Rückmeldungen sind im beruflichen Alltag allerdings selten. Gerade deswegen ist der Austausch von Selbst- und Fremdbild, wie er im Mitarbeitergespräch vorgesehen ist, besonders wertvoll. Dafür bedarf es aber einer entsprechend geschützten Gesprächssituation.

Positives Feedback ist selten ...

Häufig werden positive Leistungen als selbstverständlich betrachtet und daher nicht eigens gewürdigt. Wenn alles gelingt, dann ist dies normal. Die Entwicklung eines Mitarbeiters kann durch das Fehlen positiven Feedbacks beeinträchtigt werden; denn ohne solche Rückmeldung kann er auf Dauer den Wert seiner Aktivitäten für die Organisation nicht mehr erkennen. Oft relativiert er daraufhin seine im Grunde positiven Leistungen, im Extremfall stellt er sie sogar völlig ein. In diesem Sinne ist positives Feedback Bestandteil einer konsequenten Ressourcenorientierung im Sinne von „Stärken stärken".

Ein fundiertes Wissen um die eigenen Potentiale und Begabungen kann nur wachsen, wenn man sich hinsichtlich der Früchte dieser Fähigkeiten mit einem wichtigen Gesprächspartner in sachlicher Form – ohne oberflächliche Schmeichelei – auseinandersetzen kann. Fehlt diese Möglichkeit, so kommt ein Mitarbeiter nur schwer zu einer realistischen Selbsteinschätzung. Das Urteil schwankt zwischen Über- und Unterschätzung der eigenen Leistungen.

... negatives Feedback ist noch seltener.

Allerdings sind bei Führungskräften – insbesondere in höheren Hierarchieebenen – negative Rückmeldungen noch seltener als positive. Viele Mitarbeiter scheuen begreiflicherweise davor zurück, sich durch Kritik mögliche Nachteile einzuhandeln. Mit kritischen Rückmeldungen setzt man sich immer der Gefahr aus, daß der andere sie „in die falsche Kehle" bekommt. Allgemein gilt: Je größer die Diskrepanz zwischen Selbst- und Fremdbild, desto schwieriger wird es, entsprechende Rückmeldungen zu akzeptieren.

Wenn ein kritisches Feedback funktionieren soll, sind zwei Voraussetzungen zu beachten: Erstens setzt Negativkritik eine vertrauensvolle Beziehung zwischen Mitarbeiter und Führungskraft voraus. Für beide Gesprächspartner muß die Sicherheit bestehen, daß der Rückmeldung kein anderer Zweck zugrunde liegt als eine wertschätzende Unterstützung für das Gegenüber. Ansonsten sind schwerwiegende Mißverständnisse „vorprogrammiert". Zweitens braucht man genügend Zeit, damit der Kritisierte die negativen Botschaften zunächst einmal zur Kenntnis nehmen, „schlucken", und dann konstruktiv verarbeiten kann.

Bei allen diffizilen Aspekten, die ein Feedback in sich trägt, läßt sich dennoch recht genau angeben, wann ein derartiges Gespräch geglückt ist:

Ein erfolgreiches Feedback zeichnet sich dadurch aus,

- daß es auf konkrete Handlungen und Verhalten bezogen und so formuliert ist, daß der Feedback-Empfänger eine Orientierung bekommt, wo und wie er die Situation verändern kann;
- daß es ausgewogen ist; ein unangemessenes „Über-den-grünen-Klee-Loben" weckt beim Feedback-Empfänger den berechtigten Verdacht, daß über unangenehme Dinge nicht geredet werden soll;
- daß es „von gleich zu gleich" erfolgt; das heißt, daß nicht von oben herab eine Beurteilung über den Mitarbeiter gestülpt wird, daß vielmehr ein partnerschaftlicher Austausch von Beobachtungen im Vordergrund steht;
- daß es schlicht und präzise formuliert ist und daß nicht „um den heißen Brei herumgeredet" wird.

Ein Feedback kann allerdings auch gründlich danebengehen. Typische Merkmale einer mißglückten Rückmeldung zeigen sich, wenn sich der Feedback-Empfänger beurteilt fühlt oder wenn er es als Kampfansage oder als Retourkutsche versteht. Dies wird praktisch immer der Fall sein, wenn „Ist-Aussagen" wie unumstößliche Wahrheiten an die Stelle einer nüchternen Beschreibung von Handlungen und deren Auswirkungen auf andere treten. Eine Rückmeldung ist insbesondere dann mißglückt, wenn beim Empfänger das Gefühl entsteht, daß die Rückmeldung einem anderen, nicht offen gelegten Zweck als dem der wertschätzenden Unterstützung dient. Besonders kraß ist dies der Fall, wenn der Feedback-Empfänger eine verdeckte Leistungsbeurteilung vermutet.

Acht Spielregeln für das Geben und Empfangen von Feedback

1. Formulieren Sie Eindrücke, Beobachtungen. Versuchen Sie zu beschreiben und verkünden Sie keine Urteile!

2. Formulieren Sie „Ich-Botschaften", zum Beispiel:
   „Ich habe den Eindruck gewonnen, daß …"
   „Bei mir löst das Verhalten … diese oder jene Reaktion aus."
   Vermeiden Sie negative „Seins-Aussagen": *„Sie sind unfähig …"*

3. Bringen Sie Beobachtungen zur Person (bestimmte persönliche Eigenheiten etc.) immer in Beziehung zu den Erwartungen, die mit einer bestimmten Stelle, welche die Person innehat, verknüpft sind (bestimmte Ordnungsvorstellungen, Verhaltensmuster etc.). Vermeiden Sie den Eindruck persönlicher Willkür und Marotten.

4. Wenn Sie beim Gesprächspartner die Tendenz zur Rechtfertigung beobachten, verstärken Sie diese nicht, sondern sprechen Sie sie offen an: *„Ich sehe, daß meine Rückmeldungen bei Ihnen als Vorwurf ankommen. Warum ist das so?"*

5. Drängen Sie nicht darauf, daß Ihr Gesprächspartner Ihre Rückmeldungen sofort akzeptiert. Die Dis-

krepanz zwischen Selbst- und Fremdbild ist immer irritierend. Lassen Sie dem anderen Zeit zum Verarbeiten. Wichtig ist, daß Sie Ihrem Gegenüber Gelegenheit geben zu verstehen, warum Sie eine Situation so sehen, wie Sie sie sehen! Fordern Sie keine Unterwerfung unter Ihre Sicht.

6. Vergewissern Sie sich, ob Ihr Gesprächspartner Ihre Rückmeldungen überhaupt hören will. Deklarieren Sie die Absicht, die Sie mit Ihren Rückmeldungen verfolgen. Zum Beispiel: *„Dies ist keine Beurteilung."* – *„Es geht mir gar nicht darum, Ihnen Vorwürfe zu machen!"* – *„Ich möchte, daß wir einander in unseren Reaktionen besser verstehen."* – *„Ich möchte die Ursache für mögliche Mißverständnisse beseitigen."*

7. Zeigen Sie eine gewisse Dankbarkeit für das, was Sie vom anderen an Feedback erfahren, auch wenn Ihnen die Botschaft zunächst nicht gefällt. Zum Beispiel: *„Es hilft mir zu hören, wie Sie mich erleben. Jetzt werden mir einige Ihrer Reaktionen klarer und verständlicher."* – *„Es macht mich nachdenklich, was Sie da sagen."* – *„Das kommt für mich aber jetzt sehr überraschend".* – *„Ich höre das nicht zum ersten Mal. Offensichtlich verfalle ich immer wieder in diese Verhaltensweise."*

8. Gehen Sie immer davon aus, daß der andere auch keine objektive Sicht der Dinge hat. Er gibt seine subjektiven Eindrücke wieder, die immer auch viel über den Beobachter selbst aussagen. Versuchen Sie deshalb zu verstehen, warum ein anderer *so* beobachtet, *wie* er beobachtet. Zum Beispiel: *„Ich sehe, daß Sie mit meiner Art, die Entscheidungsvorlagen zu korrigieren, sehr unzufrieden sind. Was stört Sie daran am meisten?"* – *„Warum ist es Ihnen so wichtig, an*

dieser oder jener Besprechung teilzunehmen?" – „Was ärgert Sie an der Art, wie ich Ihnen die Arbeit zuteile?" – „Wie kommen Sie darauf, daß ich andere Ihnen vorziehe?"

Das Aushandlungsgespräch

Wer den Hafen nicht kennt, für den ist kein Wind günstig. Seneca

Das Aushandlungsgespräch trägt dazu bei, erwünschte Ziele und Prioritäten gemeinsam festzulegen, also eine Zielvereinbarung zu treffen. Darüber hinaus eignet sich diese Gesprächsform sehr gut, um mit dem Mitarbeiter Fördermaßnahmen zu verabreden.

Aushandeln heißt, daß beide Seiten begründete Vorstellungen über die zu erreichenden Ziele haben und daß sie einander in dem Argumentationsprozeß, der durchaus auch konflikthaft sein kann, schrittweise annähern. Auch hier darf das Ergebnis keine Unterwerfung sein.

Grundsätzlich sind in diesem Prozeß drei unterschiedliche Phasen zu unterscheiden, die ihrer eigenen inneren Logik folgen:

1. Schritt: die „doppelte Formulierung". Ziele werden einerseits „von oben" als Vermittlung der Strategien eines Unternehmens formuliert. Andererseits stammen sie aber auch „von unten", stellen eine Einschätzung des Mitarbeiters dar, was aus seiner Sicht in seinem konkreten Verantwortungs- und Arbeitsbereich machbar ist.

2. Schritt: die Abstimmung. In einem kommunikativen Prozeß müssen die Ziele des Unternehmens und die Zielplanungen des Mitarbeiters aufeinander abgestimmt werden.

3. Schritt: die Vereinbarung. Die im Verlauf dieses Klärungs- und Abstimmungsprozesses konkretisierten Ziele werden im Rahmen des Vereinbarungsgesprächs zwischen Mitarbeiter und Führungskraft fixiert. Das Ergebnis ist eine von beiden Seiten mit Überzeugung getragene Zielvereinbarung. Diese sollte einerseits eine Herausforderung darstellen, sollte andererseits aber auch realisierbar sein. Nur auf der Grundlage einer begründeten Selbstverpflichtung gewinnt man ausreichend Energie, um eigenverantwortlich zu handeln.

Warum sind Ziele so wichtig für die Arbeit?
Die Motivation in einem Unternehmen wird unter anderem dadurch beeinflußt, wie stark die Mitarbeiter in die Definition und das Erreichen der Ziele eingebunden werden. Erst durch diesen Bezug erhalten die Betroffenen die Möglichkeit, für sich einen Sinn in den zu bewältigenden Aufgaben zu entdecken bzw. sich mit den vereinbarten Zielen ernsthaft zu identifizieren. In der Folge können ihnen Entscheidungskompetenzen und Verantwortlichkeiten übertragen werden, was in der Regel zu stärkerem Verantwortungsgefühl und mehr Engagement für den eigenen Verantwortungsbereich führt.

Ziele, mit denen sich Mitarbeiter identifizieren und die sie motivieren, kommen zwar nicht durch bloße Anordnung von oben zustande; eine Vereinbarung von Zielen zwischen wirklich gleichberechtigten Partnern ist im betrieblichen Entscheidungsprozeß allerdings unrealistisch. Schließlich gilt es, Unternehmensstrategien mit dem individuellen Handeln von Mitarbeitern in Einklang zu bringen. Es geht also weder um bloße Anweisungen von oben noch um eine im Ergebnis offene Aushandlung, sondern um eine Vereinbarung von individuellen Prioritäten, die in die strategischen Aufgabenstellungen eines Unternehmens und der jeweiligen Organisationseinheit eingebettet sind.

Ziele geben der Arbeit Sinn und setzen Prioritäten. Sie machen daher die Zukunft zum Orientierungsfeld und ersetzen die Vergangenheit als wichtigste Bezugsgröße. Das setzt Energien frei und schafft den Raum für Krea-

Ziele und Aufgaben sind „zweierlei Paar Schuh".

tivität. Der Mitteleinsatz orientiert sich selbststeuernd an den Zielen, die Vorgabe von detaillierten „Wegbeschreibungen" wird dadurch verringert. Ziele helfen, einen zunächst unüberschaubaren Weg überschaubar zu machen. Sie erleichtern die Selbstkontrolle und verringern so den laufenden Kontrollaufwand durch die Organisation und deren Führungskräfte.

Jeder Mitarbeiter hat Aufgaben zu erfüllen, die im Arbeitsvertrag definiert sind. Allerdings bestehen in der Praxis oft große Unterschiede. In jedem Fall hat er bestimmte Aufgaben und Verantwortung übernommen (zum Beispiel Briefe zu schreiben, Autos zu verkaufen, Projekte zu managen, Mitarbeiter zu führen ...), wodurch er mit bestimmten Erwartungen seines Umfeldes konfrontiert wird. Da der Mitarbeiter aus der reinen Erledigung seiner Aufgaben weniger Motivation und Antrieb schöpft als aus einer „Zielerreichung" und dem damit verbundenen Erfolgserlebnis, sind zur Stärkung von Leistung und Selbstantriebskräften Ziele zu formulieren. Aufgaben werden mit Zielen verknüpft, wenn sie

- an objektiv meßbare Kriterien (Mengen, Zahlen, Prozentsätze)
- und/oder an Termine
- und/oder an bewertbare Kriterien qualitativer Art (zum Beispiel Abbau definierter Schwachstellen, Erreichen eines bestimmten Qualitätsstandards)

  gebunden werden.

Zum Beispiel: Schulung (Aufgabe) aller Führungskräfte (Umfang, Menge) in der Führung von Mitarbeitergesprächen (Inhalt) bis Ende 1999 (Termin).

Welche Arten von Zielen gibt es?

Bei der Aushandlung von Schwerpunkten im Rahmen des Mitarbeitergesprächs werden häufig sehr unterschiedliche Arten von Zielen vereinbart:

- *Leistungsziele:* wie zum Beispiel Steigerung des Wertpapierertrages um x Prozent bis zum Jahresende; Akquisition von y neuen Privatkunden bis … (Termin); Reduzierung der Kundenreklamationen im Bereich v um z Prozent im ersten Quartal.

- *Führungsziele:* wie etwa die bessere Einführung neuer Mitarbeiter durch … bis …; Verbesserung der Kommunikation in der Abteilung Telekommunikation durch wöchentliche Teamsitzungen; Senkung der Mitarbeiterfluktuation um x Prozent innerhalb von zwei Jahren.
- *Ziele des Arbeitsverhaltens:* zum Beispiel die Senkung der Fehlerquote bei der Tätigkeit y um monatlich x Prozent; ein besseres Informationsverhalten durch …; ein höheres Kostenbewußtsein durch … mit dem angestrebten Ziel …
- *Ziele der eigenen Weiterbildung:* wie Einarbeitung in das neue EDV-System bis Jahresmitte, Meßkriterium ist …; Verbesserung der Englischkenntnisse auf Stufe x laut Bildungsplan.

Damit Ziele motivieren können, müssen sie zunächst einmal nachvollziehbar formuliert und strukturiert werden. Für ihre Festlegung im Ergebnisprotokoll sind folgende Hinweise hilfreich:

1. knappe Beschreibung des Ziels nach Inhalt, Umfang und/oder Termin; dabei sollten folgende Anforderungen erfüllt sein:

- anspruchsvoll, das heißt schwierig, aber erreichbar;
- konkret, das heißt genau und detailliert;
- akzeptiert, das heißt kooperativ zwischen Führungskraft und Mitarbeiter erarbeitet;
- meßbar, das heißt durch Standards (Zeit, Kosten, Quantität, Qualität) überprüfbar.

Zum Beispiel: Verbesserung der Kommunikation innerhalb der Abteilungen Onlineservice und Medienanalyse durch:

- monatliche Teamsitzungen zu aktuellen Themen;

- die Durchführung einer viertägigen Teamentwicklung zu aktuellen Themen der Zusammenarbeit;
- eine Fragebogenaktion zum Thema „Kommunikation" am Anfang und am Ende der Periode zur Messung der Veränderungen.

2. *Maßnahmen beschreiben den Weg zum Ziel.* Pro Ziel sind alle wichtigen Maßnahmen (wichtig für die Zielgenauigkeit) und Termine (wichtig für die Realisierbarkeit und die Kontrolle der Zielumsetzung) festzulegen, die auf dem Weg zum Erfolg eine Rolle spielen. Der Konkretisierungsgrad ist naturgemäß davon abhängig, wie detailliert die einzelnen Maßnahmen zum Zeitpunkt der Zielvereinbarung schon absehbar sind. Außerdem ist abzuschätzen, welchen Autonomiespielraum der einzelne Mitarbeiter auf dem Weg zum Ziel benötigt.

Ein Beispiel:

Ziel: Steigerung des Verkaufs von Privatkrediten an Top-Privatkunden um x Prozent.

Maßnahmen: Ansprechen der Top-Privatkunden in der Region Stuttgart-Möhringen; persönliche Kundenbesuche dieser Zielgruppe; Produktschulung aller Mitarbeiter im Bereich Derivate.

3. *Vereinbarung von Meßkriterien.* Schließlich müssen im Rahmen eines derartigen Prozesses Meßkriterien vereinbart werden, anhand derer festgestellt werden kann, wann und in welchem Ausmaß die Ziele erreicht wurden. Solche Meßkriterien können zum Beispiel sein:

- Deckungsbeitrag des Bereichs Wertpapierhandel;
- Fluktuationsquote der Mitarbeiter;
- Ergebnisse einer Mitarbeiterbefragung;
- Durchführung von vereinbarten Maßnahmen.

Zielvereinbarungen für interne Dienstleister

Während Zielvereinbarungen erfahrungsgemäß marktorientierten Organisationseinheiten und ihren Mitarbeitern inhaltlich wenig Schwierigkeiten bereiten, stößt das Prinzip der Zielvereinbarung bei internen Dienstleistungsbereichen häufig auf Unverständnis und Vorstellungsschwierigkeiten.

Zu Beginn muß man häufig den betroffenen Führungskräften – insbesondere interner Abteilungen – Orientierungshilfen für die Formulierung von geeigneten Zielen zur Verfügung stellen. Erfahrungsgemäß hilft eine eingehendere Beschäftigung mit dem Wertschöpfungsanteil des eigenen Bereichs. „Was begründet eigentlich unsere Existenzberechtigung und wohin wollen wir uns – gemessen an der Gesamtstrategie des Unternehmens – entwickeln?" lautet die zentrale Frage. Auf der Basis solcher Einschätzungen – abgestimmt mit den internen Kunden – lassen sich dann die Hauptleistungsfelder definieren (sogenannte Werttreiber), die in der Regel eine ganz gute Gundlage für die Definition der Ziele bilden. Ohne einen solchen Vorlauf ist es dagegen häufig sehr schwer, ausreichend konkretisierbare Ziele zu vereinbaren.

Mit einer gewissen Übung sind Zielvereinbarungen auch für interne Dienstleister ähnlich präzise und überprüfbar zu formulieren wie etwa für Vertriebsabteilungen und deren Mitarbeiter. Dabei ist gerade das Quantifizieren der zuerst nur als qualitativ verstandenen Ziele in der Anfangsphase etwas gewöhnungsbedürftig, dann aber meist klärend und zielpräzisierend.

Das folgende Beispiel von internen Dienstleistern im Personalbereich demonstriert sehr gut das Zusammenspiel von drei Zielhierarchie-Ebenen:

Ziele für die Bereichsleitung Personal

- Sicherstellung eines Ausnutzungsgrades des gesamten Personalbudgets des Unternehmens von max. 97 Prozent im Jahr 1999
- Abbau von x Planstellen im Bereich y auf Grund strategischer Zielsetzungen für das Gesamtunternehmen im 1. Quartal 1999
- Ausbildung aller Mitarbeiter im Zusammenhang mit der Umstellung des Rechenzentrums bis zum 15. September des Jahres
- Einführung des Mitarbeitergesprächs durch die Abteilung Personalentwicklung des Bereichs Personal
- Verbesserung des internen Dienstleistungsangebots durch Einführung eines internen Pensionskassenmodells, neue Dienstverträge, Stellenbeschreibung etc. bis zum Jahresende

Ziele für die Leitung Personalentwicklung

In diesem Aufgabenfeld werden jene Bereichsziele „Personal" in Abteilungsziele übersetzt, die in den Aufgabenbereich der Abteilung Personalentwicklung fallen. Beispiele:

- Konzeption und Durchführung der EDV-Schulungen im Juli/August, die alle Mitarbeiter erfaßt
- Einführung des Mitarbeitergesprächs im Haus (Maßnahmen: alle Führungskräfte werden geschult, Informationsveranstaltungen für alle Mitarbeiter; bis 15. 3. des Folgejahres sind die Mitarbeitergespräche im Gesamtunternehmen durchgeführt)
- Aktualisierung der Stellenbeschreibung jedes Mitarbeiters auf EDV bis …
- Ausbildungsdatei auf EDV übertragen und aktualisiert bis …

Ziele für eine Sachbearbeiterin in der Personalentwicklungsabteilung

- Reaktion auf Bewerbungen innerhalb von fünf Tagen (Dank, Einladung, Evidenz, Absage)
- Anrufer werden innerhalb von 24 Stunden zurückgerufen – auch von der Abteilungsleitung
- das Zahlungsziel für externe Zulieferer (Hotels, Trainer) darf 30 Tage nicht überschreiten
- Überarbeitung des Verfahrens zur Durchführung des Mitarbeitergesprächs bis Juni des Jahres

4. Tips zur Durchführung

Wird das Mitarbeitergespräch sorgsam und durchdacht implementiert, dann hat die Gesprächskultur eine tragfähige Basis. Daher ist die Art und Weise, wie es in einem Unternehmen oder in einer Abteilung eingeführt wird, besonders wichtig.

Die folgenden acht Schritte beziehen sich auf kleinere Organisationseinheiten wie Abteilungen und stammen samt und sonders aus der Praxis. Die Implementierung in ein ganzes Unternehmen wird im dritten Teil ausführlicher im Rahmen eines Fallbeispieles dargestellt.

1. Schritt: die Vorbereitung. Der Erfolg basiert auf intensiven Vorbereitungen. Der Vorgesetzte tut gut daran, seine Mitarbeiter in einer eigens dafür vorgesehenen Teambesprechung über Ziele, Rahmenbedingungen und Rollen im Mitarbeitergespräch zu informieren. Alle Fragen, Zweifel und Vorbehalte sollten vor den eigentlichen Gesprächen in einer offenen Atmosphäre erörtert und soweit wie möglich ausgeräumt werden. Dabei hat es sich bewährt, die konkreten Spielregeln gemeinsam zu besprechen und festzulegen: den Ort, wo die Mitarbeitergespräche stattfinden, den günstigsten Zeitpunkt, den Umgang mit dem Ergebnisprotokoll, mit den Formularen für die Vorbereitung und die Protokollierung, etc.

Eine gute Vorabinformation und eine gemeinsame Verständigung über das Instrument vermitteln die notwendige Sicherheit für das nachfolgende Gespräch.

2. Schritt: die Verabredung. Die Führungskraft vereinbart mindestens sieben Tage vor dem Gespräch den Termin, die Zeit und den Ort mit dem jeweiligen Mitarbeiter. Als Zeitrahmen für dieses Gespräch sollten sich die Gesprächspartner zwei bis drei Stunden reservieren. Halten Sie diese Zeit unbedingt von Störungen frei. Hektik, Zeitdruck, klingelnde Handys, unerwartete Besucher und andere Störungen behindern das Gespräch stark.

3. Schritt: die Einstimmung. Die Basis für ein erfolgreiches Gespräch bildet eine sorgfältige Einstimmung. Nehmen Sie sich daher ausreichend Zeit dafür. Sowohl die Führungskraft als auch der Mitarbeiter bereiten sich am besten anhand einer Vorbereitungsunterlage (ein Beispiel dafür finden Sie im Serviceteil) auf das Gespräch vor. Dabei stimmen Sie sich jedoch zunächst ohne Vorlage auf Ihren Gesprächspartner ein. Überlegen Sie, wie Ihre Arbeitsbeziehung mit Ihrem Mitarbeiter/Ihrer Führungskraft aussieht, welche Situationen aus dem vergangenen Jahr Ihnen in Erinnerung sind und was Sie durch dieses Gespräch erreichen möchten.

Erst dann erweitern Sie Ihre Vorbereitung anhand der Unterlage. Diese soll aber nur eine Anregung sein und darf Sie keinesfalls einschränken.

4. Schritt: das Gespräch. Beschränken Sie sich im wesentlichen auf den dargestellten Rückblick und die vorgeschlagene Vorschau. Selbstverständlich ist es auch „erlaubt", über andere Themen, als sie der Leitfaden vorsieht, zu sprechen. Ein Gehaltsgespräch oder ein Beförderungsgespräch sollte allerdings in diesem Zusammenhang auf jeden Fall vermieden werden. Das Mitarbeitergespräch ist seinem Wesen nach für Gehaltsverhandlungen nicht geeignet. Sollte eine derartige Thematik auftauchen, ist es empfehlenswert, einen gesonderten Termin zu vereinbaren.

Halten Sie sich nach Möglichkeit auch an die beschriebenen Kommunikationsformen. Letztlich hängt der Erfolg wesentlich von einer positiven Grundhaltung ab. Diese Haltung kommt vor allem in dem „Wie" der Gesprächsführung zum Ausdruck.

5. Schritt: das Protokoll. Das Mitarbeitergespräch wird in der Regel in zwei Arten von Protokollen festgehalten:

- Das *Gesprächsprotokoll* enthält die wichtigsten Punkte und Aussagen. Dokumentieren Sie diese bereits während des Gesprächs gemeinsam. Dadurch können Sie im folgenden Jahr gut an die Ergebnisse anknüpfen. Letztlich dient das Protokoll auch zur gemeinsamen Orientierung und verringert die Gefahr von Mißverständnissen in der kommenden Arbeitsperiode.
- Das *Ergebnisprotokoll* enhält die vereinbarten Entwicklungs- und Fördermaßnahmen für den Mitarbeiter.

Muster für ein Gesprächs- und Ergebnisprotokoll finden Sie im Serviceteil.

Abschließend ist es sinnvoll, wenn sowohl Führungskraft als auch Mitarbeiter das Gespräch hinsichtlich Zielerreichung, Gesprächsklima, Verbindlichkeit und Klarheit nochmals überdenken. Schließlich unterzeichnen beide die Protokolle.

6. Schritt: die Weitergabe. Das Protokoll des Mitarbeitergesprächs verbleibt bei den Gesprächspartnern und sollte auf keinen Fall an Dritte weitergegeben werden. Nur die vereinbarten Entwicklungsmaßnahmen werden von der Führungskraft gesondert zusammengefaßt und dem nächsten Vorgesetzten sowie dem Personalbüro als Information und Planungsgrundlage zur Verfügung gestellt.

Abb. 2: *Die Schritte auf dem Weg zum funktionierenden Mitarbeitergespräch*

7. Schritt: Organisatorische Verbesserungen. Zudem hat es sich in der Praxis oftmals bewährt, die im Gespräch auftauchenden Verbesserungsvorschläge auf einem gesonderten Blatt festzuhalten. Nach Beendigung aller Gespräche bekommen Sie so die Möglichkeit, sämtliche Anregungen von seiten Ihrer Mitarbeiter zu sichten, zu ordnen und zu bewerten. Als sinnvoll erachtete Veränderungsmaßnahmen sollten Thema der nächsten Teambesprechung sein, bevor Sie darangehen, die erforderlichen Schritte in die Wege zu leiten – entweder im eigenen Bereich oder in Absprache mit anderen betroffenen Organisationseinheiten.

8. Schritt: die gemeinsame Auswertung. Als nützlich erweist sich auch eine gemeinsame Auswertung der Erfahrungen mit den Mitarbeitergesprächen, um Rückschlüsse für die Weiterführung zu ziehen. Nur durch solche prozeßbegleitenden gemeinsamen Auswertungsschritte kann sichergestellt werden, daß dieses Instrument in sich lernfähig bleibt.

Zweiter Teil:

Organisations- und managementtheoretische Aspekte

5. Zur inneren Logik

Was unterscheidet das Mitarbeitergespräch von der Alltagskommunikation?

Wie immer die Aufgabenstellung einer Organisation sein mag, sie wird ganz wesentlich von Gesprächen zwischen Mitarbeitern und Führungskräften beeinflußt. „Der Fluß des operativen Alltagsgeschehens" formt in jedem Unternehmen spezifische Kommunikationsformen, die den Fortgang der Arbeit mehr oder weniger wirksam steuern: Gespräche und Rücksprachen zu zweit, Besprechungen mit mehreren Personen in Teams und Projektgruppen, Kontakte über Schriftstücke oder mit neueren technologischen Medien wie e-mail und Intranet etc. Meist steckt eine Mischung verschiedenster Kommunikationsimpulse dahinter. Wir beobachten, daß aktuelle Probleme diesen „Fluß des operativen Geschehens" mitsamt der dazugehörigen Kommunikation lenken, und zwar in der Regel in jene spezifischen Bahnen der Kommunikation, die sich im Laufe der Zeit innerhalb der jeweiligen Organisation herausgebildet haben.

Die Kommunikation des betrieblichen Alltags ist auf die operativen Aufgaben abgestimmt.

Die Dynamik des operativen Geschehens bringt es mit sich, daß relevante Aspekte des unternehmerischen Geschehens zwangsläufig ausgeblendet werden. Das ist durchaus sinnvoll, weil sich so die Energien aller Beteiligten auf die unmittelbare Bewältigung der operativen Aufgaben konzentrieren und nicht zersplittert werden. Diese fokussierten Gesprächsformen haben aber auch ihre Schattenseiten. Themenstellungen, die zwar „wichtig", aber nicht „dringlich" sind – wie Grundsatzfragen über die Identität der Abteilung, unterschiedliche Sichtweisen über Zuständigkeiten, aber auch die Art des gemeinsamen Umgangs miteinander, persönliche Vorlieben und Kränkungen etc. –, kommen im zeitlich immer gedrängteren operativen Alltag zwangsläufig zu kurz, und dies nicht nur aus Zeitgründen. Denn solche grundsätzlicheren Fragen sind mit den alltäglichen Gesprächsformen, die auf aktuelle Problemlösungen ausgerichtet sind, gar nicht zu bearbeiten.

Ein Beispiel dafür: Bei einer knappen täglichen „Postsitzung" bleibt für emotional wichtige Themen kein Platz. Wenn man versucht, Operatives und emotional Wichtiges gleichzeitig zu bearbeiten, macht man in der Regel weder das eine noch das andere wirklich gut.

Das Mitarbeitergespräch, eine „Auszeit" zur gegenseitigen Orientierung.

Die zunehmende Komplexität und Konflikthaltigkeit des unternehmerischen Handelns erhöht das Bedürfnis nach Orientierung und gemeinsamer Auseinandersetzung mit den veränderten Rahmenbedingungen. Gerade bei komplexen Problemen sind metareflexive Steuerungs- und Kommunikationsformen unabdingbar geworden. Eine solche „Auszeit", wie sie das Mitarbeitergespräch ermöglicht, eröffnet eine Chance, die eigenen Handlungsroutinen zu überprüfen, damit man im späteren operativen Geschehen auf bestimmte, eventuell neue kulturelle Selbstverständlichkeiten und Sicherheiten zurückgreifen kann.

Das Mitarbeitergespräch wirkt präventiv.

Unbeabsichtigte, aber schwelende Kränkungen, unbemerkte Motivationskrisen, nicht ausreichende Würdigungen, unzureichender Informationsstand und Unklarheiten in großen Teilen der Belegschaft, Überforderungen etc. können im Alltag selten wirksam zur Sprache kommen. Dies verursacht möglicherweise negative Effekte und Folgeprobleme, die sich mittelfristig auf die Qualität der Arbeit gravierend auswirken können. Manchmal schiebt man die unbearbeiteten Probleme wie einen „Schneepflug" über Jahre vor sich her. Das Mitarbeitergespräch bietet ein Gefäß, wo diese schwelenden Themen bearbeitet werden können.

Im Sinne der Cohnschen Maxime „Störungen haben Vorrang“ könnte man zwar vermuten, daß Probleme im Alltag von den Beteiligten angesprochen und bearbeitet werden. Leider geschieht dies keineswegs automatisch, weil dies im Ablauf der alltäglichen Besprechungen kaum Platz findet. In der betrieblichen Praxis beobachten wir vielmehr, daß angesichts der knappen Zeitressourcen die drängenden Fragen zum Tagesgeschäft zu Lasten schwelender, belastender Themen bevorzugt besprochen werden. Eine reflexive Kommunikation bildet im operativen Alltag dagegen fast immer die Ausnahme von der Regel. Daher ist es ein Erfordernis der betrieblichen Effektivität, entsprechende Gesprächsstrukturen einzurichten. Die Führungskräfte gehen gemeinsam mit ihren Mitarbeitern gleichsam „von Zeit zu Zeit vom Spielfeld auf die Tribüne, um auf das laufende gemeinsame Spiel zu schauen“. In dieser Hinsicht ist das Mitarbeitergespräch eine wirksame, strukturell verankerte Gesprächsform, die aus dem operativen Alltagsgeschehen herausführt und die Bearbeitung tieferliegender Probleme ermöglicht – wenn auch nicht automatisch sicherstellt.

Der Stellenwert des Mitarbeitergesprächs in der Personalentwicklung

Aufgrund der spezifischen Aufgaben eines Unternehmens bzw. einer Organisationseinheit ergeben sich für eine bestimmte Position ganz konkrete Erwartungen und Kernaufgaben. Das entsprechende Anforderungsprofil wird durch die strategische Ausrichtung der Organisation bestimmt. Die Marktdynamik der letzten Jahre hat allerdings zu starken Veränderungen dieser Anforderungsprofile geführt.

Für die Beteiligten – Mitarbeiter und Führungskräfte – bedeutet dies, sich laufend über immer neue Erwartungen und Aufgaben zu verständigen und entsprechend veränderte Ziele zu vereinbaren. Das Mitarbeitergespräch ist ein geeigneter Anlaß, sich mit dem Mitarbeiter über die strategischen Weichenstellungen des Unternehmens und die damit verbundenen Veränderungen zu verständigen. So verknüpft es die Anforderungen des Unternehmens an die jeweilige organisatorische Stelle mit dem Eignungsprofil einer konkreten Person.

Der Organisation steht ein bestimmter Mitarbeiter mit seinem konkreten Eignungsprofil gegenüber, seinen jeweils beobachteten Leistungen und seinem möglichen Potential. Es liegt in der Natur der Sache, daß zwischen dem Anforderungsprofil einer bestimmten Position und dem Eignungsprofil eines bestimmten Mitarbeiters immer wieder unterschiedlich große Diskrepanzen entstehen können: sei es, daß die veränderte Position höhere Anforderungen an die Leistungsfähigkeit des Mitarbeiters stellt, sei es, daß sich der Mitarbeiter inzwischen in seinen Leistungen und in seiner Qualifikation verändert hat.

Das Mitarbeitergespräch ist ein besonders geeignetes Instrument, diese Koppelung von Person und Organisation mit dem Mitarbeiter zu besprechen. Aufgrund der gemeinsam diagnostizierten Qualifikationslücke können die individuellen Lernfelder gut identifiziert werden. Förder- und Personalentwicklungsmaßnahmen tragen dazu bei, auftauchende Qualifikationslücken zu schließen bzw. zu verringern. Solche Personalentwicklungs- und Fördermaßnahmen können beispielsweise sein:

- *Maßnahmen am Arbeitsplatz* wie gezielte Instruktionen durch den Vorgesetzten, einen Experten oder Fachkollegen; Delegation von Sonderaufgaben wie zum Beispiel Projektleitungen; Aufgabenerweiterungen; Bearbeitung von Lernthemen oder anstehenden Problemen im Team; Stellvertretung des Vorgesetzten während dessen Abwesenheit; Referententätigkeit bei internen Seminaren oder bei Einschulungen; Mitarbeit in bereichsübergreifenden Arbeitsgruppen; Literatur- und Fachzeitschriftenstudium mit anschließen-

der Besprechung mit einem Experten oder dem Vorgesetzten etc.
- *Weitere denkbare Entwicklungsmaßnahmen außerhalb des unmittelbaren Arbeitsplatzes* wie Auslandsentsendungen, Teilnahme an einem Traineeprogramm, Besuch von Seminaren, Lehrgängen oder Kursen, Teilnahme an Tagungen, Mitarbeit in externen Arbeitsgruppen etc.

Die Graphik verdeutlicht die Funktion des Mitarbeitergesprächs im Rahmen der Personalentwicklung:

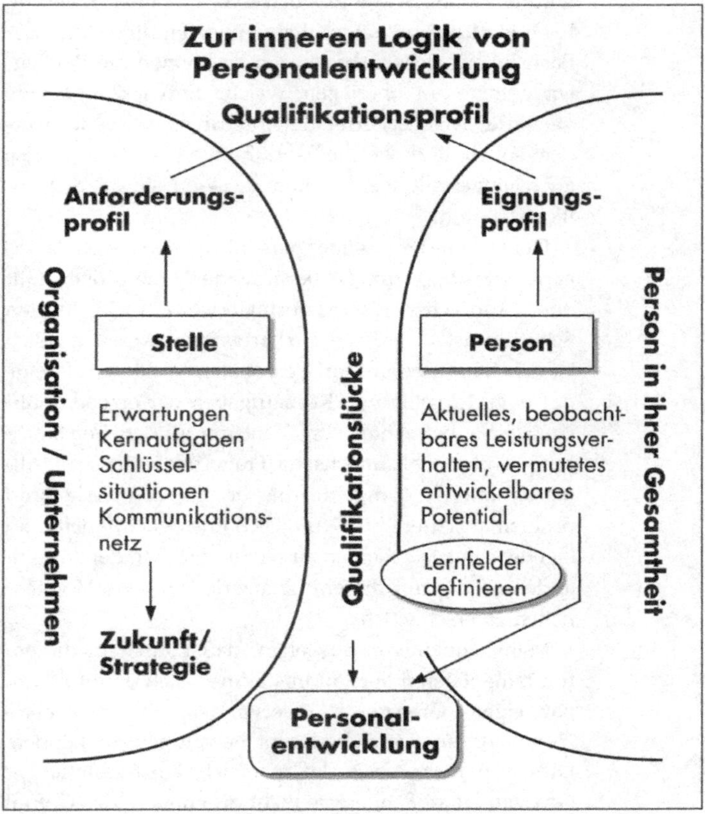

Abb.3 : Zur inneren Logik von Personalentwicklung

Die Rolle der Führungskraft als Coach bei Problemlösungsprozessen

Aus den obigen Überlegungen ist deutlich geworden, daß das Mitarbeitergespräch auch als Instrument der Personalentwicklung genutzt werden kann. Dies gelingt dann am besten, wenn im Gespräch eine Atmosphäre des persönlichen Vertrauens zwischen Mitarbeiter und Führungskraft entsteht. Nur in solch einem Umfeld wird es beiden Seiten möglich sein, sich über die jeweiligen Stärken und Schwächen zu verständigen. Auf der Basis einer solchen Verständigung können die Beteiligten gemeinsam überlegen, welche Entwicklungspfade verstärkt, welche Lernfelder intensiver bearbeitet werden sollen und welche Bemühungen möglicherweise auch eingestellt werden können, weil sie letztlich zu nichts führen.

Die Verständigung über persönlich heikle, weil das eigene Selbstbild zutiefst berührende Dimensionen fällt den Gesprächspartnern normalerweise nicht in den Schoß. Sie ist in der Regel ein hartes Stück Arbeit, das sich jedoch lohnt, wenn man Personalentwicklung als eine der nichtdelegierbaren Kernaufgaben der eigenen Führungsrolle betrachtet. Im Zentrum dieser Verständigungsarbeit steht zunächst die Frage, wie jemand mit Alltagssituationen umgeht, die er als schwierig und problematisch erlebt. Denn „sich entwickeln" heißt, an eigene Grenzen gestoßen zu sein und sich in der Auseinandersetzung mit diesem Grenzerlebnis neue Möglichkeiten zu erschließen.

Man kann davon ausgehen, daß Lernen in diesem fundamentaleren Verständnis immer auch damit zu tun hat, eigene Grenzen zu überwinden, um anstehende Herausforderungen überhaupt bewältigen zu können. Dies setzt aber voraus, daß man sich selbst gestattet, an Grenzen zu stoßen, etwas nicht zu können, das Gefühl der Inkompetenz bei sich zu spüren und aufgrund dieser Erfahrung neue Wege zu entdecken, die einem bislang verschlossen waren. Für Führungskräfte wird es daher immer wichtiger, eine Rolle einnehmen zu können, aus der heraus sie ihren Mitarbeitern in einer konstruktiven Weise solche „Lernmöglichkeiten" eröffnen. Aus diesem Grunde geht es im folgenden eingehend um die Frage, wie Führungskräfte diese Rolle als „Coach" oder „Berater" ihrer Mitarbeiter konzipieren können.

Anlässe für diese Art von Führungsarbeit ergeben sich im Alltag immer dann, wenn Mitarbeiter mit einem ungelösten Problem vorsprechen oder wenn man als Vorgesetzter selbst den Eindruck gewinnt, daß ein Mitarbeiter die gestellte Aufgabe nicht bewältigen kann. In solchen Situationen ist es günstig, rasch die eigene Position in bezug auf das Problem beurteilen zu können. Bin ich in diese Problemstellung persönlich involviert – das heißt, bin ich Teil des Problems? Oder bin ich in bezug auf das Problem ein Außenstehender – das heißt, das Problem hat ein anderer? Je nachdem, wie diese Unterscheidung im konkreten Fall ausfällt, sollte die Rolle der Führungskraft im Prozeß der Problembearbeitung unterschiedlich aussehen. In der Praxis wird diese Unterscheidung jedoch allzuoft nicht klar getroffen, was stets zu verwaschenen Verantwortlichkeiten, zu einem Hin- und Herschieben von Problemen führt.

Die Führungskraft sollte bewußt als „Berater" reagieren, wenn Probleme an sie herangetragen werden.

Die folgenden Überlegungen basieren auf einer Situation, in der sich die Führungskraft in bezug auf das an sie herangetragene Problem als Außenstehender definiert. Wir bezeichnen die Funktion, die sie hier sinnvollerweise wahrnimmt, der Einfachheit halber als die eines „Beraters". Wenn man die Konsequenzen dieser Rollendefinition für die Führungskraft und deren Verhaltensstrategien im einzelnen beschreiben will, erweist es sich als günstig, sich das Verhalten von Menschen in Problemsituationen zu vergegenwärtigen.

Personen (Gruppen, Abteilungen, Organisationen) befinden sich üblicherweise dann in einem problematischen Zustand, wenn ihre bislang gelernten und mehr oder minder erfolgreich praktizierten Handlungsmuster angesichts von Veränderungen versagen. Normalerweise wird man solche Erfahrungen zu vermeiden versuchen, solange es geht. Ist der Problemdruck allerdings so gewachsen, daß sich das „Wegschauen" nicht mehr durchhalten läßt, ist der Zeitpunkt gekommen, sich nach Unterstützung umzusehen. Man sucht sich einen außenstehenden „Ratgeber" (Freund, Vorgesetzten, Experten, etc.). Von ihm erwartet man zumeist unbewußt, daß er einem das Problem abnimmt, ohne daß man sich dabei selbst ändern müßte, oder – mit anderen Worten: ohne daß man selbst etwas Neues hinzulernen müßte.

Diese Ausgangssituation läßt eine ganz bestimmte Art von Beziehung zwischen dem Berater und dem Problembringer entstehen: Der Berater ist schon bei der Kontaktaufnahme mit einem Bündel von mehr oder weniger bewußten Erwartungen konfrontiert. Er soll etwas verändern, ohne daß sich etwas ändert – eine recht paradoxe Aufgabenstellung. Andere Erwartungen können sein, daß der Ratsuchende – der, welcher das Problem an den Berater heranträgt – einen „Kampfgenossen" braucht oder daß er sich bestätigen lassen will, daß da „ohnehin nichts zu machen" ist.

Angesichts solcher Erwartungen – denen sich übrigens auch viele Anbieter professionalisierter Dienstleistungen gegenübersehen – ist es für die als Berater fungierende Führungskraft unerläßlich, sich möglichst rasch ein genaues Bild von allen Problemen und Erwartungen zu machen, mit denen der „Problembringer" explizit oder implizit an ihn herantritt. Der in der Phase des Gesprächseinstiegs geschilderte Sachverhalt bildet dabei zumeist nur eine Dimension des gesamten Problem- und Erwartungshorizontes.

Eingehende Forschungen in unterschiedlichen gesellschaftlichen Bereichen haben gezeigt, daß Personen (aber auch Gruppen und größere soziale Systeme) im

Laufe der Zeit charakteristische Muster im Umgang mit problematischen Situationen entwickeln. Im Alltag ist ein wesentliches Merkmal unserer Mechanismen zur Bearbeitung von Problemen die „Fähigkeit", ein überaus selektives Problemverständnis zu entwickeln. Das heißt, wir eignen uns aus reinem Selbstschutz jene Sicht des Problems an, die der anstehenden Problematik etwas von ihrer Bedrohlichkeit nimmt, so daß eine Lösung mit bereits vertrauten Instrumenten erreichbar scheint.

Eine Führungskraft kann ihr professionelles Know how um so besser zur Geltung bringen, je genauer sie über den gesamten Problemhorizont Bescheid weiß.

Dies kommt nicht von ungefähr. Ein Grund warum man sich in einer Problemsituation ein in einer ganz bestimmten Weise gefärbtes Bild zurechtmacht, liegt in dem Bestreben der meisten Menschen, ihr Gefühl, „kompetent zu sein" und „die Lage im Griff zu haben", aufrechterhalten zu können. Probleme, die einen an die Grenzen des bisherigen Lösungsvermögens führen, bedrohen den Glauben an die eigene Kompetenz. Je mehr man aber an sich selbst den Anspruch erhebt, kompetent sein zu müssen, weil man sich beispielsweise in einer Experten- oder Führungsrolle bewegt, desto bedrohlicher wirken Situationen, die man nicht sofort überschaut.

Wenn der Berater also danach fragt, worum es denn eigentlich geht, so bekommt er zunächst diese zwangsläufig selektive Problemsicht zu hören, die sich derjenige, welcher das Problem an ihn heranträgt, zurechtgelegt hat. Dieser ist in dieser Phase aus emotionalen Gründen nicht in der Lage, das Problem in seiner ganzen Tragweite zu schildern. Insofern kann man mit einigem Recht die Art, wie der „Problembringer" sein Problem beschreibt, wie er sich dessen Zustandekommen erklärt, welche Lösungsversuche er schon unternommen hat, als einen wichtigen Teil des Problems ansehen. Es erweist sich beispielsweise als sehr nützlich, in der Analyse von problematischen Situationen der Frage nachzugehen, welche Lösungsversuche bereits unternommen wurden und ob sie zur Stabilisierung des Problems beigetragen haben – frei nach dem Motto: „Die Lösung ist das Problem".

Man kann dieses Phänomen anhand von Beispielen aus dem medizinischen oder aus dem psychosozialen Bereich gut verdeutlichen. Kommt beispielsweise eine Familie in die Familientherapie, so darf der Therapeut nicht davon ausgehen, daß sie in der Lage ist, ihre Probleme, insbesondere die Hintergründe, genau darzulegen. Sie wird ihm zunächst ein Symptom beschreiben, das die Familie als untragbar erachtet und um dessen Beseitigung sie den Therapeuten ersucht. Würde sich der Therapeut in seiner Arbeit nur auf dieses Symptom sowie auf die von den Familienmitgliedern angebotenen Erklärungen konzentrieren und nicht auch danach forschen, welche tiefere Problematik diesem Symptom zugrunde liegt, so hätte er wahrscheinlich wenig Erfolg.

Bei der Analyse unterschiedlicher Phasen der Problembearbeitung unterscheiden wir aufgrund solcher Beobachtungen zwischen der selektiven Problemsicht des Betroffenen einerseits, die in ihrem Kern die Beschreibung eines „Symptoms" darstellt, und der eigentlichen Problemdefinition andererseits, die das Ergebnis gemeinsamen Nachdenkens von der Person, die das Problem hat, und einem Außenstehenden sein kann, der zur Problemlösung herangezogen wird.

Warum ist diese Unterscheidung für alle zu Hilfe gerufenen „Problemlöser", zu denen Führungskräfte ja in einem besonderen Maße zählen, von so großer Bedeutung? Dazu lassen sich unter anderem zwei Gründe anführen:

1. Vertraut die Führungskraft auf die selektive Problemsicht der Person, die mit dem Problem zu ihr kommt, so ist die Wahrscheinlichkeit groß, daß sie am Symptom „herumdoktert", ohne das dahinterliegende Problem aufzuspüren. Für die verfehlte Problemlösung wird ihm sein Gegenüber zu irgendeinem Zeitpunkt in irgendeiner Form „die Rechnung" präsentie-

ren. Für jeden Vorgesetzten, der für die Entwicklung der Problemlösungskapazität seines Bereiches verantwortlich ist, bedeutet dies ein riskantes Vorgehen.

Darüber hinaus verbleiben bei einer Beschränkung auf die bloß symptomatische Beschreibung des Problems latente, implizit vorhandene, aber nicht ausgesprochene Erwartungen an die Führungskraft im dunkeln. Das birgt für sie immer die Gefahr, für Bedürfnisse und Interessen „eingespannt" zu werden, die sie nicht kennt. Ein Umstand, der ihren Handlungsspielraum in unnötiger Weise einengen kann und ihr unter Umständen wichtige Optionen versperrt.

2. Der Unterscheidung zwischen den beiden genannten Ebenen der Problembearbeitung liegt die Erfahrung zugrunde, daß seine selektive Sicht für den „Problembringer" eine wichtige psychische Funktion besitzt. Er hält an ihr nicht aus bloßem Informationsmangel fest, sondern weil sie ihm – trotz aller Beunruhigung – immer noch eine gewisse Entlastung verschafft. Das heißt, daß er (je nach Problemlage mehr oder weniger starke) innere Barrieren errichtet hat, die ihn davor schützen, sich mit dem gesamten Hintergrund seines Problems auseinandersetzen zu müssen. Mit anderen Worten, das Symptom, das die Person mit einem Problem dem Berater zur Lösung anbietet, erfüllt auch für diesen selbst eine wichtige Schutzfunktion; es schützt ihn vor den dahinterliegenden, Probleme schaffenden Fragestellungen.

Solche psychischen Abwehrmechanismen, die man in beunruhigenden Lebenslagen ganz selbstverständlich mobilisiert, schaffen für all jene, deren professionelle Hilfe in solchen Situationen gesucht wird, eine schwierige Ausgangssituation: Einerseits dürfen sie sich auf die Schilderung der Person mit dem Problem nicht völlig verlassen, andererseits ist der Zugang zum Hintergrund des Problems meist erschwert, weil er dieser Person selbst nicht bewußt und damit verborgen geblieben ist und sie nur ungern und widerwillig in dieses Dunkel vordringt.

Diese für die Ausgangssituation der Beziehung zwischen Führungskraft und Ratsuchendem charakteristische Problematik erfordert ein einfühlsames Vorgehen der Person, die zur Problembewältigung des anderen einen effektiven Beitrag leisten möchte. Sie darf weder naiv den ersten Rollenzuweisungen des „Problemeigentümers" folgen noch diesen durch allzu bohrende Fragen mehr als notwendig verunsichern und erschrecken.

Welche Vorgehensweise empfiehlt sich angesichts einer solchen Ausgangssituation?

In der Annäherung an das präsentierte und zur Lösung anstehende Problem versucht die Führungskraft (hier in ihrer Rolle als Berater), eine erste Hypothese darüber zu bilden. Diese erste, naturgemäß vorläufige Hypothese dient dem Berater im Prozeß der Klärung des Problemhintergrundes gleichsam als roter Faden im Hin und Her der Fragen und Antworten. Sie fungiert als eine Wegmarkierung, an der sich der Berater und die Person mit dem Problem gemeinsam entlangbewegen können.

Diese erste hypothetische Sicht auf das Problem sollte aufgrund neuer Informationen aufgegeben, modifiziert oder durch zutreffendere Annahmen ersetzt werden können. Die letztlich „lösungsrelevante" Definition entsteht im Prozeß des Fragens, in der ordnenden Reflexion der auf diesem Wege gewonnenen Daten und Eindrükke, und sie kristallisiert sich schließlich auch in der Auseinandersetzung des Problemeigentümers mit den eigenen inneren Barrieren heraus, die ihn bisher daran hinderten, sich eine angemessene Sicht seiner Problematik zu erarbeiten. In dieser für beide Seiten nicht ganz leichten Suchbewegung (insbesondere dann, wenn man gewohnt ist, mit schnellen Lösungen bei der Hand zu sein) strukturiert der Berater aktiv das Gespräch. Gleichzeitig läßt er sich aber auch von dessen Fluß und den Rückmeldungen der Person, die mit dem Problem zu ihm kommt, leiten. Eine solche Balance zwischen eigener Aktivität und dem Sich-Führen-Lassen durch die Eigenlogik des behandelten Problems ist die große Kunst eines jeden Problemlösungsgesprächs.

Das Mitarbeitergespräch bringt ganz von selbst eine Reihe von Situationen mit sich, in denen es genau auf diese Kunst ankommt – beispielsweise, wenn es darum geht, genauer zu eruieren, warum bestimmte Erwartungen in der zurückliegenden Periode nicht erfüllt wurden. In solchen Gesprächspassagen kommt es sehr darauf an, daß der Vorgesetzte mit dem unvermeidlich auftauchenden Gefühl der Peinlichkeit auf seiten seines Gegenübers gut umgeht. Er sollte es nicht unnötig verstärken, sich aber auf der anderen Seite auch nicht scheuen, genau und ausführlich auf diese Punkte zu sprechen zu kommen. Insbesondere für solch schwierige Gesprächssequenzen empfiehlt sich die Haltung der „fragenden Gesprächsführung". (Vgl. die Hinweise im Abschnitt „Die fragende Gesprächsführung" in Teil 1, die für eine Führungskraft bei der Lösung solcher Aufgaben hilfreich sein können.)

Das Mitarbeitergespräch als Teil des strategiegeleiteten Steuerungsprozesses

Mit dem Mitarbeitergespräch „landet" die Strategie beim einzelnen Mitarbeiter.

Jede Organisation sollte ihren eigenen zeitlichen Rahmen für das Führen von Mitarbeitergesprächen finden. Durch eine gezielte zeitliche und inhaltliche Verzahnung sowohl mit der Strategieentwicklung als auch mit der operativen Planung erhöhen sich Bedeutung und Effektivität dieses Führungsinstruments beträchtlich. Derartig integriert, wird das Mitarbeitergespräch zu einem wichtigen Verbindungsstück zwischen der strategischen und der operativen Steuerung eines Unternehmens und seiner Organisationseinheiten. Die Entscheidungsprämissen der Organisation werden an die einzelnen Ebenen und Aufgabengebiete weitergegeben; auf dieser Basis sind dann auch aufeinander abgestimmte Vereinbarungen mit den einzelnen Rollenträgern möglich.

Der Planungsprozeß beginnt mit einer strategischen Standortbestimmung des gesamten Unternehmens. Die Grundannahmen über das Geschäft werden überprüft und die strategischen Prioritäten für die Gesamtorganisation festgelegt. Dieser gesamtorganisatorischen Reflexion folgt eine Auseinandersetzung auf der nächsten Ebene: Welche Konsequenzen ergeben sich aus der strategischen Überprüfung für unsere Organisationseinheit? Für unser Team? Für unsere Projektgruppe? Mit dem Mitarbeitergespräch „landet" die Strategie beim einzelnen Mitarbeiter. Was bedeuten diese Orientierungen und Änderungen in der Konsequenz für mich als Stelleninhaber, für mein Qualifikationsprofil und für die Zusammenarbeit mit meiner Führungskraft?

Nach angemessener Zeit wird die gesamte Reflexionsschleife wiederholt, manchmal nach einem Jahr, in vielen Unternehmen aber auch in kürzeren Zeitabständen. Die Regelmäßigkeit ist wichtig, um dieses Planungs- und Kommunikationssystem im Bewußtsein aller zu verankern. Dadurch erspart sich die Organisation den nicht unbeträchtlichen Energieaufwand eines immer wiederkehrenden Neuanfangs. Das Mitarbeitergespräch wird so zum integrierten und selbstverständlichen Bestandteil des Planungs- und Steuerungssystems. Selbstverständlich sollte die Qualität der Gesprächskultur periodisch evaluiert werden. Im Idealfall entwickelt sich das Mitarbeitergespräch parallel zu den Veränderungen der Organisation, bleibt also selbst lernfähig und verkümmert nicht zu einer ritualisierten Pflichtübung.

Welche Länge die Intervalle haben sollen, in denen das Mitarbeitergespräch wiederholt wird, ist eine wichtige Frage. Ist ein Termin pro Jahr angesichts der heuti-

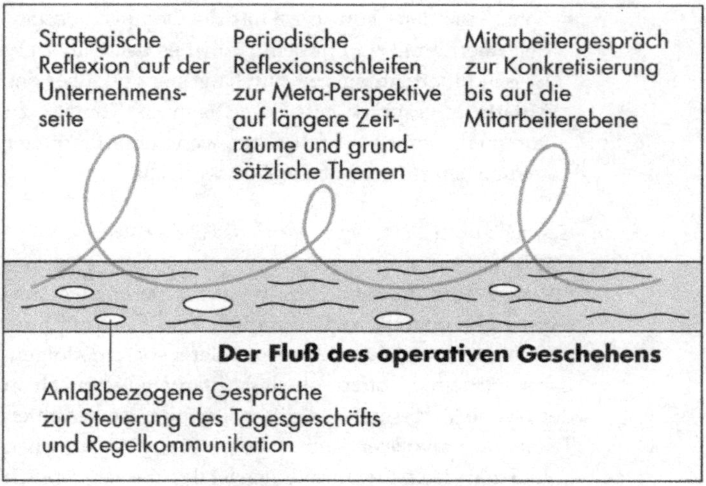

Abb. 4: Das Mitarbeitergespräch als Teil des Reflexions- und Festlegungsprozesses eines Unternehmens.

gen Wettbewerbsdynamik noch angemessen oder sollten die Gespräche in kürzeren Abständen stattfinden? Diese Frage läßt sich nicht allgemeingültig, sondern nur mit Blick auf die jeweilige Wettbewerbsdynamik beantworten. In sehr dynamischen Märkten wie in der Computerbranche und in der Telekommunikation mag der Jahresabstand vielfach zu lang sein. Doch auch unabhängig von der aktuellen Wettbewerbsdynamik gibt es Ereignisse, die „außerplanmäßige" Mitarbeitergespräche sinnvoll erscheinen lassen, etwa:

- wenn sich auf der Position eines Mitarbeiters massive Veränderungen hinsichtlich der Stellenanforderungen – etwa im Zusammenhang mit Reorganisationsmaßnahmen – ergeben;
- wenn ein Teamgespräch zur Auseinandersetzung mit dieser massiven Veränderung nicht ausreichend erscheint (wenn zum Beispiel mit der neuen Situation sehr persönliche Konsequenzen verbunden sind);

- wenn eine neue Führungskraft die Organisationseinheit übernimmt – in diesem Fall ist es nach einer gewissen Einarbeitungszeit durchaus sinnvoll, über das Mitarbeitergespräch mit dem Team in Kontakt zu kommen; ähnliches ist denkbar, wenn ein Mitarbeiter sein bisheriges Aufgabengebiet wechselt.

Gespräch unter vier Augen versus Teamgespräch
Das Mitarbeitergespräch ist eine systematische Kommunikationsform mit dem Ziel, hierarchische Ebenen strategisch und operativ zu verknüpfen. Diese Verknüpfung muß nicht zwingend in einem Zweiergespräch erfolgen. Es ist prinzipiell offen, ob das Mitarbeitergespräch in der Dyade Vorgesetzter – Mitarbeiter oder im gesamten Team am sinnvollsten ist und die positivste Wirkung hat.

In den meisten Organisationen ist das Zweiergespräch die bevorzugte Variante des Mitarbeitergesprächs. Gerade in stärker hierarchisch strukturierten Organisationen bzw. in Organisationen mit stark ausgeprägter interner Arbeitsteilung, die jedem einzelnen Mitarbeiter klar abgrenzbare Aufgabengebiete zuweisen, werden in der Regel „Vier-Augen-Gespräche" geführt.

Bei intensiv zusammenarbeitenden Gruppen, bei denen die Einzelleistungen kaum herauszutrennen sind, wird dagegen das Teamgespräch sinnvoller sein. Dies gilt zum Beispiel für stark projektorientierte Unternehmen, die ihre Kernleistung in wechselnden Projektteams erbringen. Hier erfordert das Mitarbeitergespräch ein enges Zusammenwirken zwischen den Linienvorgesetzten und dem Projektleiter. Diese spezielle Konstellation birgt noch eine weitere wertvolle Chance: Das Mitarbeitergespräch trägt in diesem Fall erheblich dazu bei, unterschwellig schwelende Konflikte zwischen Projekt und Linie strukturell zu bearbeiten. Darüber hinaus ist es in Unternehmen, die auf Gruppenarbeit umgestellt haben, ratsam, das Mitarbeiter- und Zielvereinbarungsgespräch an diese spezifische Form der Arbeitsorganisation anzupassen. Hier kommt es vor allem auf eine gute Kooperation zwischen Meister, Gruppensprecher und dem jeweiligen Team an.

In all diesen Fällen ist es sinnvoll, große Teile der Inhalte des Mitarbeitergesprächs als Teamgespräch zu führen (wie z. B. Feedback, Zielvereinbarung, Teamhonorierung). Möglicherweise wird es auch in diesem Falle thematische Restbereiche geben (z. B. die individuelle Qualifikation und spezielle Entwicklungsmaßnahmen), die in Paargesprächen zusätzlich behandelt werden sollten.

Individuelles individuell, Kollektives kollektiv behandeln.

Mitarbeitergespräch versus Beurteilungsgespräch

Das Mitarbeitergespräch ist grundlegend von einem Beurteilungsgespräch zu unterscheiden. Es handelt sich um zwei komplett konträre Führungssituationen, die sich in ihrer Logik in einem sinnvollen Gespräch nicht vereinbaren lassen.

Das klassische Beurteilungsgespräch ist Instrument einer hierarchischen Ordnung, die ihrem Wesen nach auf Kommunikationsvermeidung angelegt ist. Solche Verfahren korrespondieren nur noch ganz selten mit der Komplexität heutiger Organisationen und ihrem Steuerungsbedarf. Darüber hinaus hat das klassische Beurteilungssystem nach vorgegebenen Kriterien häufig Konsequenzen für das berufliche Weiterkommen eines Mitarbeiters. Hier gibt es im Prinzip kein Verhandeln im Sinne wechselseitigen Austauschs. Im Ergebnis enthält die Beurteilung eine Botschaft an Dritte (etwa an die zuständige Personalabteilung), die auf dieser Grundlage die weitere Laufbahn des Beurteilten mit beeinflußt. Weil dies alle Beteiligten wissen, geraten solche Instrumente unweigerlich in die Gefahr, Mittel zum Zweck zu werden: Die Botschaften dienen dazu, Entscheidungsträger in die eine oder andere Richtung zu beeindrukken. Diese Art der Instrumentalisierung ist im Grunde unvermeidlich. Auch wenn solche Systeme noch so sorgfältig angelegt sind, neigen sie mit der Zeit dazu, kulturkonform ihre eigentlichen Adressaten anzusteuern. So wurden in der öffentlichen Verwaltung bis vor kurzem beispielsweise rund 90 Prozent aller Mitarbeiter mit „ausgezeichnet" bewertet.

Partnerschaftliche Systeme zielen dagegen darauf ab, geschützte Gesprächssituationen zu schaffen, in denen periodisch wechselseitige Vereinbarungen getroffen werden können. Der Idee nach schaffen solche Unterbrechungen des operativen Geschehens immer wieder eine Gelegenheit, um sich wechselseitig über Inhalt und Intensitätsgrad der jeweiligen Selbstverpflichtung zu vergewissern. Führung hat in diesem Sinne die wichtige Funktion, solche Selbstverpflichtungen herbeizuführen, die dann im operativen Geschäft eine tragfähige Basis des Miteinanders bilden. Im Gegensatz zu traditionellen Beurteilungen entwickelt das Mitarbeitergespräch daher seine Wirkung vor allem aus seiner Vertraulichkeit. Mitarbeiter wie Vorgesetzte beobachten sehr genau, wie mit den in solchen Gesprächen erzeugten heiklen Daten umgegangen wird. Je nachdem, wie diese Beobachtungen ausfallen, entfalten solche Führungsinstrumente die ihnen zugedachte Wirkung – oder auch nicht.

Manchmal laufen in Unternehmen mehrere Systeme nebeneinander her, weil sie in unterschiedlichen Phasen der Unternehmensentwicklung implementiert worden sind. Ein Beispiel ist etwa die Deutsche Bank, in der das Jahresgespräch – ein individuelles Zielvereinbarungssystem mit gekoppelten variablen Gehaltsbestandteilen – parallel zum traditionellen Beurteilungssystem existiert. Ein solches Nebeneinander ganz unterschiedlicher Führungsinstrumente, hinter denen häufig auch eine andere Führungsphilosophie steht, schafft allerdings regelmäßig große Verwirrung und erschwert die Akzeptanz im betrieblichen Alltag. Die Vermutung liegt daher nahe, daß ein Nebeneinander von kulturell nicht abgestimmten Systemen generell nicht lange haltbar ist.

Bei Mischformen wird sich auf Dauer die eine oder die andere kulturelle Richtung durchsetzen: entweder hierarchische und primär sanktionierende Instrumente wie Beurteilungssysteme, einseitige Zielvorgaben, Disziplinarverfahren oder partnerschaftliche Systeme wie das Mitarbeitergespräch, periodische Zielvereinbarungen, Strategiereflexionssettings, Feedback im Team, gezielte Bearbeitung von Mitarbeiterbefragungen etc.

Nicht alles verträgt sich miteinander.

Kritische Faktoren für das Gelingen eines Mitarbeitergesprächs

In jahrelanger beraterischer Tätigkeit haben sich sechs zentrale Faktoren herauskristallisiert, die über Erfolg oder Mißerfolg bei der Einführung des Mitarbeitergesprächs in einer Organisation entscheiden:

- Die Mitarbeiter müssen ausreichend informiert sein und eingestimmt werden – und zwar sowohl vor der Einführung als auch bei den jährlichen Wiederholungen.
- Führungskräfte und Mitarbeiter müssen den zentralen Nutzen des Mitarbeitergesprächs verstehen und akzeptieren.
- Ängste vor dem Feedback müssen thematisiert und bearbeitet werden.
- Das Mitarbeitergespräch tangiert den oft langjährig eingespielten Autonomiespielraum (im Sinne einer wechselseitigen Unverbindlichkeit) zwischen Personen; daher müssen Führungsbeziehungen und die damit verbundenen Konflikte neu thematisiert werden.
- Die Implementierung muß sorgfältig durchgeführt werden, damit das „Immunsystem der Organisation“ dieses Instrument nicht sofort wieder abstößt.
- Bewährte Spielregeln der Inszenierung des Mitarbeitergesprächs sind unumgänglich.

Im einzelnen bedeutet dies:

Eine positive Einstellung kommt selten von allein.

Eine positive Einstellung der Mitarbeiter zum Mitarbeitergespräch kann nicht vorausgesetzt werden. Sie entsteht auch nicht von selbst. Eher sollte man vom Gegenteil ausgehen: Es ist anzunehmen, daß dieses neue Führungsinstrument auf die unterschiedlichsten Ängste und Befürchtungen stößt. Die Mitarbeiter werden sich offen oder insgeheim fragen: „Warum das Ganze?" – „Welche Absichten werden damit verfolgt?" – „Worauf muß ich mich da einlassen?" – „Soll ich hier manipuliert werden?" – „Haben wir bislang nicht ohnehin gut miteinander kooperiert?" – „Brauchen wir so etwas überhaupt?"

Paradoxerweise sind die Befürchtungen in Organisationen, die dieses Führungsinstrument besonders nötig hätten, anfänglich besonders groß. Denn gerade in ausgeprägten Mißtrauenskulturen sind die Widerstände gegenüber Neuerungen am größten. Die Art der Implementierung hat deshalb wesentlichen Einfluß auf die Einstellung der Führungskräfte und Mitarbeiter. Alle Ängste, Mutmaßungen und Verdächtigungen sollten auf den Tisch kommen und bearbeitet werden. Mitarbeiter und Führungskräfte müssen die Gelegenheit haben, den Realitätsgehalt ihrer Befürchtungen zu überprüfen, ihre Skepsis zu äußern, ohne daß dies gleich als Obstruktion gedeutet wird. Die Vorgesetzten werden in dieser Phase genau daran gemessen, wie ernst sie es mit dem Mitarbeitergespräch meinen und wieviel Verständnis sie für die Ängste aufbringen – häufig eine nicht geringe Herausforderung.

Wir haben in der Vorphase zum Mitarbeitergespräch sehr gute Erfahrungen mit spezifischen Informationsworkshops gemacht, die die Vorgesetzten mit ihren jeweiligen Mitarbeitern – manchmal auch extern unterstützt – zu diesem Thema durchführen. Dabei haben beide Seiten Gelegenheit, ihre Ansichten zur Sprache zu bringen und die gröbsten Mißverständnisse aus dem Weg zu räumen. Wenn die Mitarbeiter das Bemühen um

Verständigung seitens ihrer Vorgesetzten spüren, dann ist die Tür für den weiteren Prozeß bereits offen. Zusätzlich erweist es sich in den meisten Fällen als sinnvoll, die Führungskräfte möglichst eingehend auf diesen heiklen Schritt vorzubereiten und, wenn erforderlich, die Mitarbeiter in bereichsübergreifenden Workshops eigens mit dem Sinn und Zweck des Instruments vertraut zu machen, sie sozusagen spielerisch auf die ersten Gespräche vorzubereiten.

Nehmen Sie die Ängste und Befürchtungen bei der Einführung des Mitarbeitergesprächs ernst.

Im Unterschied zur operativen Alltagskommunikation ist das Mitarbeitergespräch eine Gesprächsform, bei der die Führungskraft unweigerlich selbst zum Thema wird. Der Austausch von Beobachtungen zur Kooperation zwischen Führungskraft und Mitarbeiter (das Feedback) ist ein wichtiger Bestandteil dieser Art von Gespräch.

Eine zentrale emotionale Barriere, die es beim Mitarbeitergespräch zu überwinden gilt, ist die Angst vor der Selbstthematisierung. Mit dieser Scheu muß man vor allem in den Organisationen rechnen, die Führungsprobleme bislang konsequent tabuisiert haben oder die bei auftauchenden Problemen rasch mit Schuldzuschreibungen bei der Hand sind. In solchen Organisationskulturen ist es schwer, zwischen beschreibender Rückmeldung an Mitarbeiter und Führungskräfte zur besseren Orientierung und persönlicher Anschuldigung zu unterscheiden. Führungskräfte, die damit besondere Schwierigkeiten haben, brauchen spezielle Unterstützung, etwa durch ein vorgezogenes Training von Feedback-Gesprächen oder durch persönliches Coaching. Wenn diese Angst nicht überwunden wird, ist zu erwarten, daß orientierendes Feedback nicht wirklich gelingen wird. Dies wäre fatal, denn es handelt sich um einen wesentlichen Bestandteil des Mitarbeitergesprächs. Ein geglückter Austausch über die Führungskommunikation und -kooperation läßt jenen Grad an Offenheit wachsen, der eine rasche Verständigung auf der Aufgabenebene enorm erleichtert. Dazu kommt es aber nur, wenn der Vorgesetzte glaubhaft signalisieren kann, daß ihm wirklich an Rückmeldungen gelegen ist und daß den Mitarbeitern aus ihrer Offenheit keine Nachteile erwachsen.

Weil die Vorbildwirkung der Führungskräfte für die erfolgreiche Integration des Mitarbeitergesprächs in die Führungskultur einer Organisation von so ausschlaggebender Bedeutung ist, hat es immer eine fatale Signalwirkung, wenn sich bestimmte Führungsebenen aus diesem Prozeß herausnehmen. Dies gilt in extremen Maße für die Organisationsspitze. Sie steht in diesem Punkt natürlich unter besonderer Beobachtung. Ihr konkretes Verhalten hat in jedem Fall hohe Signalwirkung dafür, wie ernst es einer Organisation ist, das Mitarbeitergespräch zum Teil ihrer Kultur zu machen.

Sprechen Sie Führungsbeziehungen offen an.

Menschen, die bereits sehr lange zusammenarbeiten, entwickeln ein hohes Maß an „Prognosesicherheit“, was die Reaktion des jeweils anderen anbelangt. Man „kennt sich aus“, ist mit den jeweiligen Eigenheiten vertraut, weiß, *worauf* der andere *wie* reagiert. Bis zu einem gewissen Grad ist man füreinander berechenbar geworden. Dies hat den Vorteil, daß man sich vor Überraschungen schützen kann. Alles Erlebte wird in bereits bestehende Erklärungsmuster eingeordnet. Man meint, sich ausreichend zu kennen, genug voneinander zu wissen. Da erübrigt sich jeglicher Verständigungsaufwand. Was soll schon anderes herauskommen als das, was man ohnehin weiß? Je länger Personen in einem Bereich zusammenarbeiten, desto wahrscheinlicher wird es, daß sie meinen, sich über vieles nicht mehr verständigen zu müssen. Durch diese eingespielten Selbstverständlichkeiten wird vieles an Kommunikationsaufwand unnötig. Unter solchen Bedingungen hat man seine Routinen. Da ist man kaum noch aufeinander neugierig und läßt sich selten auf Neues ein. Selbstverständliches wird nicht mehr überprüft, und zwar sowohl in sachlicher als auch in personeller Hinsicht.

Solche Grundmuster des Umgangs miteinander, die wir nicht selten im Bereich der öffentlichen Verwaltung antreffen können, ermöglichen die Absicherung des eigenen Autonomiespielraumes, den man sich im Laufe der Zeit geschaffen hat. Mit dem Mitarbeitergespräch handelt man sich das Risiko ein, daß dieser Spielraum zur Disposition gestellt wird. „Ich weiß zwar, daß wir vieles unter den Tisch kehren, aber wir haben uns einen modus vivendi geschaffen, wo jeder sicher sein kann, daß der andere ihn in Ruhe läßt." Solche Verhältnisse sind auf Dauer nur durchzuhalten, wenn die Anforderungen auf sehr routinisierte, gleichbleibende Aufgaben abgestellt sind. Man muß nicht mehr neugierig sein – aber man bekommt auch keine Anregungen mehr. Hier definiert jeder sein Aufgabenfeld selbst. In einer solchen Organisation scheint die „Kunst", Auseinandersetzung zu vermeiden und unausgesprochene „Nichtangriffspakte" zu schließen, perfektioniert zu sein.

In der aktuellen Wettbewerbsdynamik wird jedoch genau das zum Problem. Es geht nicht mehr alles seinen berechenbaren Gang – oder um mit Wolf Biermann zu sprechen, „seinen sozialistischen Gang". Arbeitsinhalte wie Arbeitsabläufe ändern sich, technische Neuerungen und personelle Mobilität werden erforderlich, neue Koordinationsprobleme entstehen etc. Hier wird die konsequente Wahrnehmung von Führungsaufgaben und -kommunikation wichtig. Nicht zuletzt, um die dafür erforderliche emotionale Basis zu schaffen, greifen immer mehr Organisationen auf das Instrument des Mitarbeitergesprächs zurück. Es dient daher auch zu einer Revitalisierung der Führungsbeziehung.

Hat man es mit der eben geschilderten Ausgangslage zu tun, so kann die Einführung des Mitarbeitergesprächs dazu führen, daß sich die Führungskraft Diskussionen um Führungsfragen, um die strategische Ausrichtung oder um die Sinnhaftigkeit von Veränderungen stellen muß. In einer solchen Situation dient das

Mitarbeitergespräch dazu, tieferliegende Strukturprobleme zu bearbeiten und nach Möglichkeit zu sanieren –, vorausgesetzt, man kann ausreichend viele Führungskräfte dafür gewinnen, diesen ersten Schritt zu begreifen und mit Geduld und Durchhaltevermögen an die geforderten Veränderungen heranzugehen. Zumeist sind dafür unterstützende Qualifizierungsmaßnahmen erforderlich.

Gelingt es in einer solchen Situation, die chronisch verkrusteten Beziehungsmuster zwischen den Hierarchieebenen aufzubrechen, so ist es für Vorgesetzte wie für Mitarbeiter oft überraschend – auch wenn sie einander seit Jahren gut kannten oder sogar befreundet waren –, wie fruchtbar das Mitarbeitergespräch sein kann: dann nämlich, wenn sie sich wirklich darauf eingelassen haben, ihre bisherigen Selbstverständlichkeiten zu überprüfen.

Die Führungskräfte müssen zunächst einmal entdecken, daß ihnen das Mitarbeitergespräch die Arbeit erleichtert.

Die wahrscheinlich entscheidende Frage für die Akzeptanz des Mitarbeitergesprächs in einer Organisation ist die, ob die meisten Führungskräfte entdecken, daß diese Form der „Auszeit" ihre Führungsarbeit im Alltag nennenswert erleichtert. Bei all jenen, bei denen „dieser Groschen gefallen ist", beobachten wir meist ein hohes persönliches Engagement in bezug auf die qualitative Gestaltung der Mitarbeitergespräche in ihren Bereichen. Sie sind bereit, die dafür erforderliche Zeit aufzubringen, weil sie den Führungsnutzen dieser Zeitinvestition erkannt haben. Bleibt ihnen dieser Nutzen verborgen, verkümmert das Mitarbeitergespräch allerdings schnell zu einem oberflächlichen Ritual.

Von oben nach unten funktioniert es zunächst am besten.

Die Einführung eines Führungsinstruments, wie es das Mitarbeitergespräch in seinen verschiedenen Varianten darstellt, bedeutet auch im besten Fall zunächst eine Intervention, eine massive „Verstörung" in der betroffenen Organisation. Der Prozeß der Einführung muß daher sorgfältig angelegt werden, sonst besteht die Gefahr, daß das Mitarbeitergespräch durch die bestehen-

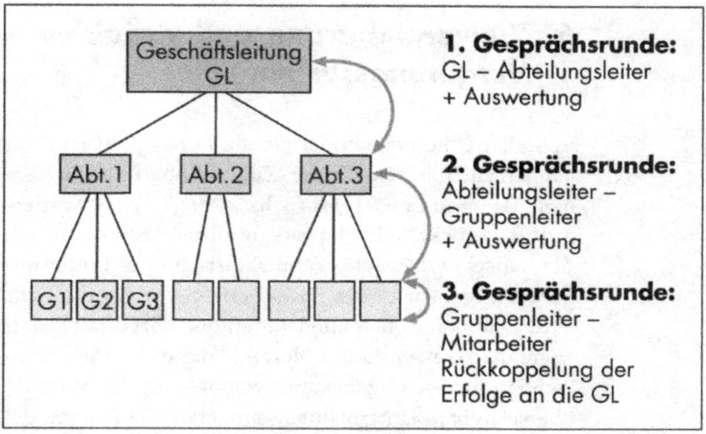

Abb. 5: Prinzip der Top-down-Vorgehensweise bei der Einführung des Mitarbeitergesprächs

den Kommunikationsroutinen einer Organisation „geschluckt" wird und keine Chance bekommt, gegenüber dem Status quo einen weiterführenden Nutzen zu stiften. Erfahrungsgemäß empfiehlt sich eine Top-down-Vorgehensweise.

Aufgrund der zu erwartenden Irritationen kommt einer sorgfältigen und durchdachten Implementierung eine ungeheuer wichtige Rolle zu. (Daher ist der dritte Teil dieses Buchs mit dem Fallbeispiel der Stahl AG allein dieser Phase gewidmet.) Das Mitarbeitergespräch sollte sich von alltäglichen Gesprächen in seiner Vorbereitung und sozialen „Inszenierung" klar und deutlich abheben. Wird dies versäumt, gerät das Mitarbeitergespräch unweigerlich in den Sog eingespielter Routinen und entfernt sich immer weiter von seinem ursprünglichen Zweck. Vielfach wird die Bedeutung dieser Inszenierung jedoch deutlich unterschätzt. (Bewährte Spielregeln zu einer solchen organisatorischen Inszenierung finden Sie in Kapitel 4 „Tips zur Durchführung".)

Gut inszeniert ist halb gewonnen.

6. Zielvereinbarung und variables Vergütungssystem

In vielen Unternehmen ist gerade in der jüngsten Vergangenheit der Aspekt der Zielvereinbarung im Rahmen des Mitarbeitergesprächs sehr in den Vordergrund gerückt. Dies ist ein unmittelbarer Ausdruck der einschneidenden organisatorischen Veränderungen, denen sich in der Zwischenzeit ein Großteil der Unternehmen in fast allen Teilen der Wirtschaft unterzogen hat. Gemeinsames Merkmal dieses für viele doch recht radikalen Organisationswandels ist der Versuch, überschaubare Unternehmenseinheiten zu schaffen, denen insgesamt ein höheres Maß an unternehmerischer Eigenverantwortung zugemutet wird. Die alten funktionalen Gliederungsprinzipien, die es den einzelnen Organisationseinheiten erlaubten, sich primär auf ihr engeres Fachgebiet zu konzentrieren, büßten dagegen in der Zwischenzeit ihre angestammte Dominanz weitestgehend ein.

Man schafft heute Unternehmen in Unternehmen. Die dafür verwendeten Bezeichnungen sind unterschiedlich: Cost- und Profitcenter, Geschäftsfelder, Geschäftsbereiche, business units etc. Damit wird zum einen eine gezieltere Bearbeitung der strategisch relevanten Märkte und Kundensegmente angestrebt. Diese neuen Organisationsarchitekturen schaffen andererseits auch die Grundlage dafür, daß in den unternehmensinternen Beziehungen viel stärker als früher echte Kunden-/Lieferantenverhältnisse zum Tragen kommen. Dies bedeutet, daß auch die internen Dienstleistungseinheiten wie der Personalbereich, die EDV etc. an ihrem jeweiligen unternehmerischen Erfolg gemessen werden. Mit diesem Schritt zu einer konsequenten Dezentralisierung unternehmerischer Verantwortung – im Prinzip sollte sich heute keine Organisationseinheit diesem Prozeß mehr entziehen können – ist natürlich auch eine veränderte Führungsphilosophie verbunden.

Wenn heute die Erwartung an die einzelnen Führungsebenen primär in der Wahrnehmung unternehmerischer Eigenverantwortung liegt, dann müssen die Führungspraktiken mit diesem höheren Autonomieanspruch auch tatsächlich korrespondieren. Man kann von niemandem eine strategische Ausrichtung seiner Marktbearbeitung, einen kostenbewußten Einsatz seiner Ressourcen und ein gezieltes Personalmanagement verlangen und sich gleichzeitig in alle Details des operativen Alltags mit Vorgaben einmischen. Deshalb ist man mittlerweile dazu übergegangen, über die Hierarchieebenen hinweg in der Form aufeinander Einfluß zu nehmen, daß man sich auf gemeinsame Ziele einigt und miteinander den Prozeß der Zielerreichung regelmäßig evaluiert. Auf dieser Basis entstehen wiederum Zielvereinbarungen für die Zukunft.

„Führen durch Ziele" – im Sinne eines professionell gestalteten Prozesses der Zielvereinbarung und der Zielevaluierung – heißt heute die Devise, und nicht mehr Führen durch „Ad-hoc-Anweisungen" zur Bewältigung des Tagesgeschäfts. Wenn die Entscheidungsverantwortung dort verankert werden soll, wo die Probleme entstehen und wo das Potential zu ihrer Bewältigung vorhanden ist, dann gilt es, Führungsmuster zu etablieren, die diese Verantwortung stärken, ja, mehr noch: einfordern. In diesem neuen Führungsprozeß, der eine adäquate Antwort auf die unternehmerische Verselbständigung der unterschiedlichen Organisationseinheiten ist, kommt der Zielvereinbarung im Rahmen des Mitarbeitergesprächs ein ganz entscheidender Stellenwert zu.

Vor diesem Hintergrund wird noch einmal deutlich, worin der oben beschriebene entscheidende Unterschied des Mitarbeitergesprächs zu den klassischen Personalbeurteilungssystemen liegt. Letztere steuern das Verhalten einzelner – aber oft auch das ganzer Teams – in einer komplett anderen Logik. Sie vermeiden in der Regel den Prozeß des Aushandelns und betonen die innere Orientierung an den jeweils beurteilenden Vorgesetzten und an den persönlichen Kriterien, die bei diesen vermutet werden. In solchen Mustern kommt vielfach noch das überkommene hierarchische Führungsverständnis zum Ausdruck, das allerdings kaum mehr in die aktuelle Organisationslandschaft paßt.

Das Prinzip variabler Gehaltsbestandteile

Will man wirklich eine Stärkung der unternehmerischen Eigeninitiative auf allen Ebenen des Unternehmens, dann liegt es nahe, die Zielvereinbarung mit einer Variabilisierung des Gehalts zu verbinden. Warum sollten die betroffenen Führungskräfte – letztlich aber auch Mitarbeiter ohne Führungsverantwortung – nicht auch an den wirtschaftlichen Chancen und Risiken des Unternehmens in Relation zu ihrem eigenen Erfolgsbeitrag beteiligt werden?

Als Prinzip leuchtet dieser Gedanke zumeist sehr schnell ein. Schwierigkeiten gibt es in seiner praktischen Umsetzung. Sowohl der Prozeß der Zielvereinbarung und das Verknüpfen variabler Gehaltserwartungen mit diesem Prozeß als auch die letztendliche Entscheidung über die finanziellen Konsequenzen stellen sehr hohe Anforderungen an die Führungsqualitäten der handelnden Personen. Die dem Ganzen zugrundeliegende Steuerungskonzeption ist sehr anspruchsvoll, und ihre Komplexität wird bei der Einführung häufig heillos unterschätzt.

Denn auf der einen Seite geht es um die Klarheit und Transparenz der Spielregeln, die diesen Entscheidungsprozessen zugrunde liegen. So ist es beispielsweise sehr günstig, wenn dem Prozeß der Zielvereinbarung Strategiefindungs- bzw. Strategieüberprüfungsprozesse in den betroffenen Einheiten vorangegangen sind und zu klaren strategischen Festlegungen geführt haben. Darüber hinaus ist es aber auch von Vorteil, wenn die für den angestrebten Erfolg einer Einheit relevanten Einflußgrößen – oft auch „Werttreiber“ genannt – bekannt sind und die Ziele mit diesen kritischen Einflußfaktoren „etwas zu tun haben“. Solche Vorklärungen sowie eine Reihe anderer Spielregeln sorgen dafür, daß die jeweiligen Ergebnisse nicht der bloßen Willkür der beteiligten Personen zugerechnet werden können.

Auf der anderen Seite bleibt es den Führungskräften bei aller Raffinesse der zugrundegelegten Berechnungsmethoden letztlich doch nicht erspart, immer wieder persönlich unangenehme, weil für andere schmerzhafte Entscheidungen zu treffen. Für ebensolche Entscheidungen gilt es, im jeweiligen Umfeld Verständnis und Akzeptanz zu gewinnen, wenn das Modell „Führen durch Ziele“ in der Praxis seine erhoffte Steuerungsfunktion tatsächlich entfalten soll.

Das Instrument der Zielvereinbarung bietet die Chance, leistungsbezogen individuelle Unterschiede zwischen einzelnen Verantwortungsträgern zu machen. Dies ist allerdings leichter gesagt als getan. Denn dieses „Unterschiede-Machen“ – vor allem, wenn dies mit Konsequenzen im Bereich der Gehälter verbunden ist – löst fast immer erhebliche Irritationen aus, deren Bewältigung ein gewisses Feingefühl und damit große Sorgfalt in der Aufbereitung der entsprechenden Entscheidungsgrundlagen sowie in der Gestaltung der diesbezüglichen Aushandlungsprozesse erfordert. Geht man allerdings dieser Chance einer Individualisierung (auf Einzelpersonen oder Teams bezogen) aus Konfliktscheu durchgängig aus dem Weg, dann unterläuft man den Sinn und Zweck eines variablen Vergütungssystems – zumindest soweit dieses den Erfolg oder Mißerfolg unternehmerischer Eigenverantwortung mit zum Ausdruck bringen soll.

Damit wird sichtbar, daß das Modell „Führen durch Ziele" in Verbindung mit Formen der variablen Vergütung eine Vielzahl bislang ungewohnter Entscheidungslasten mit sich bringt, die vom Führungssystem eines Unternehmens erst einmal erkannt und dann auch adäquat bewältigt werden müssen. Dieses Prinzip der Koppelung von Zielvereinbarungsgesprächen mit leistungs- und erfolgsabhängigen Formen der Vergütung soll im folgenden an einem Beispiel aus der Automobilindustrie exemplarisch verdeutlicht werden.

Variable Vergütung für leitende Führungskräfte bei der Daimler-Chrysler AG

Zunehmende Dezentralisierung und Delegation von Verantwortung erfordern eine qualifizierte Steuerung und Koordination aller Organisationseinheiten. Diese neuen Anforderungen an die Unternehmenssteuerung versucht die Daimler-Chrysler AG im wesentlichen nach dem eben angesprochenen Modell des „Führens durch Ziele" zu bewältigen, wobei diese Führungsprinzipien durch ein variables Vergütungssystem für Entscheidungsträger verstärkt werden. Diese variablen Gehaltsbestandteile sind sowohl auf das Erreichen persönlicher Ziele im eigenen Verantwortungsbereich als auch auf übergeordnete unternehmerische Ziele der gesamten Führungsmannschaft eines Verantwortungsbereiches abgestellt.

Die enge Anbindung der Vergütung – zumindest für die ersten drei Führungsebenen – an das Erreichen persönlicher Ziele und an den Unternehmenserfolg insgesamt, ist ein Baustein einer sich zur Zeit mehr und mehr durchsetzenden Führungsphilosophie, die heute mehr als früher den unternehmerischen Beitrag des einzelnen und seiner Organisationseinheit an der Wertsteigerung des Unternehmens belohnt. Bei Daimler-Chrysler wird diese Philosophie seit längerem bereits unter der Über-

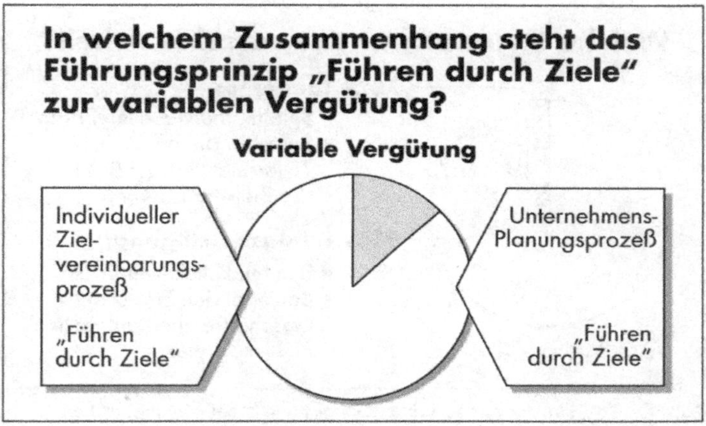

Abb. 6: Der Zusammenhang zwischen „Führen durch Ziele" und einer variablen Vergütung

schrift „wertorientierte Führung" diskutiert. Dieses Konzept weist seinerseits wiederum enge Verbindungen mit der Balanced Scorecard von Kaplan und Norton auf.

Kern dieses Systems der variablen Vergütung ist das sogenannte „Zieljahreseinkommen". Es wird dann in voller Höhe ausbezahlt, wenn die einzelne Führungskraft und die gesamte Geschäftseinheit die vereinbarten bzw. geplanten Ziele erreichen konnten. Das Zieljahreseinkommen kann sowohl über- als auch unterschritten werden. Es setzt sich aus einem fixen und einem variablen Vergütungsbestandteil zusammen, wobei der variable Anteil mit zunehmender unternehmerischer Verantwortung der Führungskraft ansteigt. Derzeit beträgt er beispielsweise 35 Prozent auf der Führungsebene I, auf der Führungsebene II sind es 20 Prozent, und auf Führungsebene III beträgt er 15 Prozent.

Grundsätzlich wird das Erreichen der individuellen Ziele deutlich höher bewertet als das der kollektiven Ziele. So beträgt die Tantieme, die die persönliche Zielerreichung honoriert, 70 Prozent des möglichen variablen An-

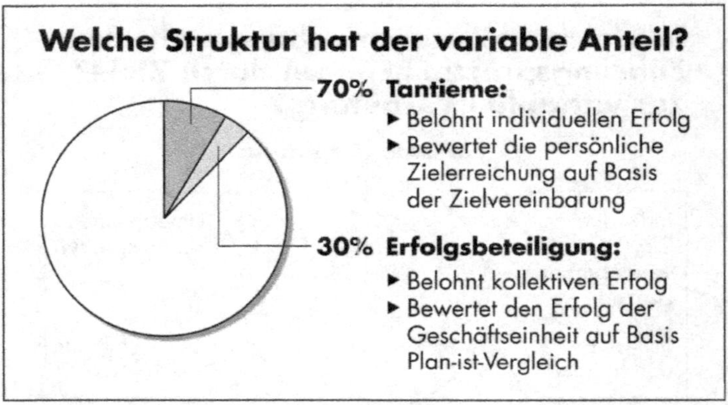

Abb. 7: Struktur des variablen Gehaltsanteils bei Führungskräften

teils. Die Erfolgsbeteiligung macht die restlichen 30 Prozent aus und belohnt den kollektiven Erfolg der Unternehmenseinheit auf Basis eines Plan-Ist-Vergleichs.

Die Tantieme wird auf Basis einer Zielvereinbarung ermittelt, die in periodischen Abständen zwischen den beteiligten Führungskräften getroffen wird. Die Ziele werden im Rahmen eines „Führungsgesprächs" zu Jahresbeginn zwischen den jeweiligen Führungsebenen bezogen auf die erwarteten Ergebnisse der jeweiligen Verantwortungsbereiche festgelegt und schriftlich vereinbart. Der Vereinbarungszeitraum beträgt in der Regel ein Jahr. Unterjährige Anpassungen der Ziele erfolgen nur bei einschneidenden Veränderungen. Ob die Ziele tatsächlich erreicht wurden, wird durch den Vorgesetzten im Rahmen eines Führungsgesprächs festgestellt. Die Gesamtbewertung erfolgt analytisch und/oder summarisch. Die Festlegung der auszuzahlenden Tantiemen erfolgt auf Vorschlag der zuständigen Führungskraft in Abstimmung mit dem Personalbereich des Unternehmens.

Vorsicht, Fallen!

Angesichts der finanziellen Konsequenzen der Zielvereinbarung sind einige Regeln besonders sorgfältig zu beachten:

- eine genaue begriffliche Unterscheidung zwischen den festgelegten Aufgaben und den Zielen, die erreicht werden sollen – in der Praxis wird häufig zwischen Aufgaben und Zielen nicht unterschieden;
- eine Beschränkung auf wenige und leicht überprüfbare Ziele, die in enger Verbindung zwischen strategischen Zielen der jeweiligen Organisationseinheit einerseits und jenen des Unternehmens insgesamt stehen sollten;
- sowohl quantitative als auch qualitative Ziele sind möglich – bei qualitativen Zielen ist besonders auf Überprüfbarkeit zu achten;
- eine Beschreibung, was bis wann erreicht werden soll;
- eine ergebnisorientierte Formulierung der Ziele: Das Ziel ist erreicht, wenn ...;
- die Meßlatte des Ziels soll hoch, aber erreichbar sein – bei besonders ehrgeizigen Zielen, die häufig aus radikalen Veränderungsvorhaben abgeleitet werden, ist sorgfältig darauf zu achten, daß wirklich Verständnis und innere Identifikation mit den zugrundeliegenden Vorhaben entstehen können;
- bei langfristigen bzw. komplexen Zielen empfiehlt sich die Festlegung von Meilensteinen;
- in der Regel stehen Teilziele zueinander in einem konfliktären Verhältnis – deshalb sollte der Zielvereinbarungsprozeß eine Optimierung zwischen diesen Teilzielen anstreben und nicht auf eine Maximierung einzelner isolierter Ziele setzen;
- Verständigung über Meßgrößen, die der Zielvereinbarung/Zielerreichung zugrunde liegen, sowie über die Meßverfahren, die zur Überprüfung herangezogen werden – dies ist vor allem bei qualitativen Zielen besonders wichtig.

Die Qualität des Zielvereinbarungsprozesses entscheidet darüber, welche Grundlage für die Festlegung des variablen Anteils am Gehalt letztlich geschaffen wird. Je oberflächlicher man sich in der Vereinbarungsphase über heikle Punkte hinwegschwindelt, desto mehr Probleme handelt man sich im nachhinein ein, wenn es darum geht, gehaltliche Konsequenzen aus einer offenkundigen Zielverfehlung zu ziehen.

Eine Bilanz der Erfahrungen

Im Zusammenhang mit dem System der variablen Gehaltsanteile können in der Regel folgende Punkte beobachtet werden:

- *Transparenz und Offenheit.* Die offensive Kommunikation über das neue variable Gehaltssystem und durchgängige Transparenz für alle Betroffenen ist besonders wichtig. Die zugrundegelegten Spielregeln müssen für alle durchschaubar sein. Ansonsten wird eine Mißtrauensspirale in Gang gesetzt, die letzten Endes mehr Schaden anrichtet, als diese Innovation jemals an Nutzen stiften kann. Nicht zuletzt deshalb benötigt dieses Konzept auf allen Ebenen arbeitsfähige und gut arbeitende Führungsteams, in denen die unvermeidlichen Differenzen und Konflikte offen ausgetragen werden können.
- *Strategieabgeleitete Ziele.* Wenn eine Sogwirkung in die strategisch erwünschte Richtung gelenkt werden soll, kommt dem Strategiebezug der Ziele große Bedeutung zu. Dies kann durch eine stärkere Gewichtung strategierelevanter Ziele noch unterstützt werden. Voraussetzung ist jedoch, daß Strategieentwicklung in einem Unternehmen überhaupt ein ernsthaftes Thema ist. Nur wenn es über die Hierarchieebenen hinweg zu einer regelmäßigen Auseinandersetzung über gemeinsam berührende Zukunftsfragen kommt, entsteht eine tragfähige Verständigungsbasis für die Verfolgung ehrgeiziger Zielsetzungen.
- *Objektivierbarkeit und Quantifizierbarkeit der Ziele.* Um Konflikte zu Jahresende über die tatsächliche Zielerreichung zu vermeiden, kommt der Quantifizierung und Überprüfbarkeit der Ziele große Bedeutung zu.

Vor allem überall dort, wo es – wie zum Beispiel bei den internen Dienstleistungen – aufgrund des Aufgabengebietes primär um qualitative Ziele geht, gilt es, genau zu vereinbaren, woran man den Erfolg festmachen wird und welchen Recherchenaufwand man dafür treiben will (zum Beispiel Kundenbefragungen und ähnliches). Hier müssen Kosten und Nutzen zueinander in einem vernünftigen Verhältnis stehen.

- *Unterstützende Führung.* Das Prämienergebnis der Führungskraft resultiert (fast) ausschließlich aus den Erfolgen und Mißerfolgen seiner Crew. Der Chef kann also prozentual nie besser gestellt sein als der beste Mitarbeiter. Somit schlägt sich seine Führungsqualität unmittelbar im eigenen Einkommen nieder. Mitarbeiterführung und Kommunikation mit den Mitarbeitern werden auf diese Weise von einem „soften" plötzlich zu einem „harten Thema" mit unmittelbarer ökonomischer Bedeutung.

  Ein markanter Spruch einer Führungskraft gegenüber seinen Mitarbeitern: „Ich brauche eure Leistung, damit ich in diesem Jahr 250 000 DM verdiene." Dies zeigt, daß Mitglieder eines Führungsteams auch in ihren persönlichen Erfolgsansichten heute sehr aufeinander angewiesen sind und daß sich deshalb Kooperationsstrategien zumindest längerfristig eher lohnen als ein kurzsichtiges Gegeneinander. Für die Führungskraft entsteht ein zusätzlicher Anreiz, ihre Mitarbeiter optimal zu unterstützen und ihnen gute Rahmenbedingungen zu schaffen. Damit wird signalisiert, daß die Funktion von Führung im wesentlichen darin besteht, die eigene Mannschaft erfolgreich zu machen.
- *Hilfe bei der Einführung.* Will man wirklich überprüfbare Ziele vereinbaren, so ist in der Regel eine begleitende Qualifizierung der Führungskräfte während der Einführungsphase wichtig, die nach Möglichkeit die gesamte Komplexität der hier angesprochenen Führungsaufgaben abdeckt. Da das Thema „Zielver-

einbarung und variable Vergütung" Kernfelder jeder bestehenden Führungskultur berührt, bedeutet deren Implementierung stets einen massiven Eingriff in historisch gewachsene Verhältnisse. Zum Zweck, einen konstruktiven Umgang mit den dadurch ausgelösten Irritationen zu gewinnen, bewährt sich vor allem in der Anfangsphase eine prozeßbegleitende professionelle Beratung.

- *In jedem Quartal Ziel-Zwischenbilanzen.* Vierteljährliche Teambesprechungen dienen dazu, regelmäßig zu überprüfen, ob jeder einzelne und die Gruppe insgesamt „auf Kurs" sind. Neben der gegenseitigen Beratung dienen derartige Evaluierungen auch der Transparenz des Systems. Bei solchen Meilenstein-Meetings sollten stets auch die zwangsläufig in die Führungsarbeit eingebauten Zielkonflikte zur Sprache kommen. Keines der vereinbarten Ziele steht isoliert für sich selbst. Die Ziele beeinflussen einander, sind in vielfältiger Weise miteinander vernetzt, stehen vielfach zueinander auch im Widerspruch. Es bedarf einiger Sorgfalt, um zu verhindern, daß Einzelziele auf Kosten der Gesamtinteressen des Unternehmens optimiert werden. Insbesondere in diesem Punkt liegt das größte Risiko einer vordergründigen Nutzung dieses Führungsinstrumentariums, das noch verstärkt wird, wenn nennenswerte gehaltliche Konsequenzen damit verbunden sind.

7. Die Wirksamkeit des Mitarbeitergesprächs

Als Berater haben wir die Wirksamkeit des Mitarbeitergesprächs in den letzten zehn Jahren in sehr unterschiedlichen Unternehmen und anderen Organisationen erlebt. Dabei faszinierte uns immer wieder aufs neue, in welch unterschiedlichen Situationen dieses Instrument seine Wirksamkeit entfaltet. So konnten wir beispielsweise beobachten, daß das Mitarbeitergespräch je nach Organisationstyp verschiedene organisatorische „Engpässe“ zu bearbeiten hilft. Es bewirkt beispielsweise in einem multizentrisch organisierten Großunternehmen etwas ganz anderes als etwa in einem Krankenhaus oder in der öffentlichen Verwaltung.

Das Mitarbeitergespräch in geschäftsfeldorientierten Unternehmen

Die Steuerungsprobleme der Unternehmen haben sich in den letzten Jahren gewandelt: Veränderte Wettbewerbsbedingungen durch Globalisierung und europäischen Binnenmarkt führten zu weitreichenden Transformationen der Organisationsstrukturen. So wurde etwa die funktionale Organisationsgliederung weitgehend durch eine Geschäftsfeldgliederung ersetzt. Für die Steuerung bedeutet dies eine gesamthafte Führung kleiner eigenständiger Unternehmen innerhalb eines großen Ganzen. In einer solchen Steuerungssituation, die wir in vielen, meist international tätigen Unternehmen beobachten, kann das Mitarbeitergespräch dazu beitragen, die selbständigen Einheiten zusammenzuhalten und zu koordinieren. Es dient als Integrationsinstrument, als lose Koppelung zwischen Autonomie einerseits und der Stiftung eines Unternehmensteils und den dort tätigen Menschen andererseits.

Es ist evident, daß diese Koppelung nicht allein durch dyadische Kommunikation geleistet werden kann. Gerade in solchen Unternehmenssituationen kommt dem Team als Steuerungselement besondere Bedeutung zu. In der Tendenz ist in derartigen Unternehmen das Jahresgespräch im Team häufig bedeutsamer als das Zweiergespräch. In diesem Rahmen werden die wichtigen Aufgaben und die Vereinbarung über die Ziele entwikkelt. Individualisiert wird dieser Aushandlungsprozeß nur dann, wenn eine individuelle variable Vergütung vorgesehen ist. Die personenbezogenen Themen – wie die persönlichen Leistungen und Maßnahmen zur Entwicklung – verbleiben dagegen nach wie vor im klassischen Paargespräch zwischen dem einzelnen Mitarbeiter und der Führungskraft. So gibt es etwa im Daimler-Chrysler-Konzern eine Kombination beider Gesprächstypen. Im Teamgespräch werden häufig die organisationsrelevanten Themen besprochen, im Zweier- bzw. Paargespräch die personenrelevante „Feinjustierung".

Das Mitarbeitergespräch in der öffentlichen Verwaltung

Traditionelle Formen der Kommunikation funktionieren nicht mehr.

Aufgrund der Besonderheiten der öffentlichen Verwaltung gewinnt das Mitarbeitergespräch hier einen herausgehobenen Stellenwert. Großes Augenmerk gilt diesbezüglich der „Weisung", einer besonders ausgeprägten Form der Einwegkommunikation. Betroffene erleben sie oft als sehr unbefriedigend. In vielen Verwaltungseinheiten hat sie dazu geführt, daß wichtige Themen nur im informellen Rahmen besprochen werden. Die formellen Kommunikationskanäle – wie lähmend ritualisierte Sitzungen – laufen parallel dazu weitgehend sinnentleert ab und haben für die konkrete Zusammenarbeit in der Behörde wenig Bedeutung. Diese strukturelle Kommunikationslosigkeit sorgt zusätzlich dafür, daß sich viele Arbeitsbereiche noch weiter verselbständigen und abkapseln. Das operative Geschehen wird durch Routineprozeduren gesteuert; tatsächliche Führung findet kaum noch statt.

In dem Maß, in dem die Verwaltung einem Veränderungsdruck von außen ausgesetzt ist – etwa durch zusätzliche Aufgaben bei weniger Personal –, nimmt die

Bedeutung strategischer Steuerung der einzelnen Organisationseinheiten und Personen zu; das Kommunikationsproblem wird zu einem Effizienzproblem für den Öffentlichen Dienst.

Man spricht wieder miteinander.

Angesichts dieser Herausforderungen ist das Mitarbeitergespräch ein Instrument zur Steuerung von Prioritäten und kann manche sinnentleerte formelle Kommunikation in der Verwaltung qualitativ anreichern. Wir beobachten allerdings oft, daß die formelle Kooperation zwischen den Hierarchieebenen weitgehend „gestört" ist und – wie oben erwähnt – im Alltag durch informelle Strukturen ersetzt wird. In dieser Situation kann das Mitarbeitergespräch einen wichtigen Beitrag zur Reaktivierung der Kommunikation zwischen den Hierarchieebenen leisten. So besteht in der Verwaltung häufig der vordergründigste Nutzen des Mitarbeitergesprächs darin, daß eine echte Gesprächsbasis zwischen den Hierarchieebenen hergestellt wird und daß dadurch die Chance entsteht, daß Vorgesetzte und Mitarbeiter wieder substantiell über das Arbeitsgeschehen kommunizieren.

Das Mitarbeitergespräch als formale Zweiwegkommunikation unterbricht allerdings die Muster der vorherrschenden informellen Gesprächskultur. Die häufig zu beobachtende Entwertung der Kommunikation mit den Führungskräften, denen nur wenig zugetraut wird, hat nämlich den „angenehmen" Nebeneffekt, sich vor dem Einfluß der Vorgesetzten zu schützen und damit auf der Aufgabenebene weitgehend autonom bleiben zu können. Hier greift das Mitarbeitergespräch ein. Es stört die gewohnte informelle Kommunikationskultur und löst daher nicht selten auch Irritationen bei Mitarbeitern aus. Nicht zu Unrecht ist im Mitarbeitergespräch eine echte Auseinandersetzung mit dem Vorgesetzten zu „befürchten".

Aus dieser Unterbrechung der eingespielten Kommunikationsmuster resultiert auch der größte Widerstand gegen das Mitarbeitergespräch. Darüber hinaus stärkt es die formellen Führungsstrukturen, was ebenfalls zu Widerständen führt: Sich mit seinem Vorgesetzten wirklich auseinandersetzen zu müssen oder sich von diesem gar beeinflussen zu lassen, dies ist eine kopernikanische Wende der häufig von Abwertung gekennzeichneten Führungskultur in der Verwaltung. Mittelfristig kann dies zu einer neuen Kooperationsbeziehung zwischen Mitarbeiter und Führungskraft führen, so daß dadurch die Verwaltungseinheiten letztlich erst wieder steuerbar werden.

Nicht nur Mitarbeiter fürchten sich.

Die Ängste bestehen jedoch keinesfalls nur auf seiten der Mitarbeiter. Auch bei den Führungskräften müssen gerade im Verwaltungsbereich sehr häufig große Befürchtungen und Widerstände ausgeräumt werden. Wie schon ausgeführt, ist das Mitarbeitergespräch durch das Element des Feedbacks auch eine Einladung, die Führungskräfte selbst und ihre Arbeit zum Gegenstand des Gesprächs zu machen. In der öffentlichen Verwaltung haben sich allerdings besonders viele Führungskräfte darauf eingerichtet, dies konsequent zu vermeiden.

Im Unterschied zur Situation in Privatunternehmen sind die Beschäftigten des Öffentlichen Dienstes bekanntermaßen durch einen weitgehenden Kündigungsschutz abgesichert. Es besteht auf der persönlichen Ebene kein zwingender Grund, die eigene Führungsqualität kritisch zu hinterfragen, weil die Verwaltung weder in Konkurs gehen kann noch in der Praxis die Gefahr des Arbeitsplatzverlusts wegen „Führungsunfähigkeit" besteht. Ob eine Führungskraft etwas dazulernen und sich entwickeln möchte, obliegt daher nur dem persönlichen Engagement und dem Berufsethos.

Ein weiterer, mit der Unkündbarkeit verbundener Aspekt besteht darin, daß die Präventionsfunktion des Mitarbeitergesprächs in der Verwaltung zunächst weniger wirksam erscheint. Fehler bleiben im Prinzip ohne Konsequenzen. Da die betroffenen Partner nicht auseinandergehen können, birgt das Feedback das Risiko, den langjährig gefundenen modus vivendi eventuell nicht mehr aufrechterhalten zu können. Niemand kann aufgrund der so gut wie völlig fehlenden Mitarbeitermobilität gehen, so daß die Beteiligten tunlichst alles vermeiden werden, was die Situation verschlechtern könnte. So entstehen Tabus, die zunehmend schwerer zu bearbeiten und aufzulösen sind.

Die Paradoxie besteht häufig darin, daß gerade dort, wo besonders belastete Beziehungen anzutreffen sind, die meiste Angst vor dem Mitarbeitergespräch besteht. Die Angst ist groß, daß das Mitarbeitergespräch nichts nutzt, im Gegenteil, daß es schlechter wird und man trotzdem miteinander weiter arbeiten muß. Gerade deshalb steht hier die vertrauensbildende Funktion des Mitarbeitergesprächs noch stärker im Vordergrund als in anderen Sektoren des Arbeitslebens.

Wo Hopfen und Malz verloren scheinen …

Auf der anderen Seite kann das Mitarbeitergespräch gerade in der speziellen, auf Konfliktvermeidung ausgerichteten Verwaltung wahre Wunder wirken, weil ihm ein Vorsorgemechanismus zum Abbau von sozialen Verletzungen innewohnt. Wo die Beteiligten über Jahre hinweg die Sicherheit gewonnen haben, daß da „nichts mehr nutzt", daß „Hopfen und Malz verloren" ist und daß „jede Investition sinnlos" ist, wo sich – mit anderen Worten – die Kooperationspartner gegenseitig aufgegeben haben, lockert es die zementierten Bilder auf.

In Systemen, in denen es wenig „eingebaute Selbstreparaturmechanismen" gibt, werden Probleme häufig wie von einem „Schneepflug" über Jahre zu einem „Berg" zusammengeschoben: zu einem Berg, der den Weg in die Zukunft blockiert. Bei unserer Arbeit in der öffentlichen Verwaltung haben wir zahlreiche Belege dafür gefunden, wieviel Kraft eine Organisation aufwenden muß, um diese ungelösten Probleme vor sich herzuschieben, und zwar um so mehr, je geringer ihre Fähigkeiten sind, ihre Konflikte befriedigend zu lösen. Irgendwann verwendet sie ihre Energien komplett darauf, ungklärte Altlasten vor sich herzuschieben.

Das Mitarbeitergespräch als Chance auf eine bessere Führungskultur.

Wer im Zuge der Einführung Mitstreiter „ins Boot" holen möchte, unterliegt schnell der Versuchung, die anderen davon überzeugen zu wollen, daß das Mitarbeitergespräch „sicher etwas bringt". Damit ist der Verfechter des Mitarbeitergesprächs schon auf der Verliererstraße. Denn dieses Instrument kann den Betroffenen weder eingeredet noch befohlen werden. In der Einführungsphase geht es deshalb vor allem darum, den Gesprächspartnern die Verantwortung für die Qualität dieses Instrumentes zu übertragen. Die Betroffenen sind selbst für Erfolg oder Mißerfolg ihrer Gespräche verantwortlich. Sie haben die Wahl, daraus ein formelles Ritual zu machen oder es ernsthaft für einen Austausch zu nutzen. Wenn sie sich allerdings innerlich als Kooperationspartner in der gemeinsamen Arbeit aufgegeben haben und daran nichts ändern wollen, dann hat auch das Mitarbeitergespräch keine Chance mehr.

Wenn für einen der beteiligten Gesprächspartner allerdings die Folgekosten einer solchen Kooperationsbelastung auf Dauer zu hoch sind, entsteht zumindest die Chance einer Veränderung. Mindestens einer der beiden muß innerlich bereit sein, „es noch einmal zu versuchen". Die größere Verantwortung liegt sicherlich beim Vorgesetzten: Kann es eine Führungskraft verantworten, daß sie ihren Mitarbeiter aufgegeben hat? Kann es sich der Vorgesetzte leisten, als Führungskraft abgedankt zu haben?

Für die Wirksamkeit des Mitarbeitergesprächs in der Verwaltung bedarf es solcher Führungskräfte, die alle Folgekosten gestörter Beziehungen – wie Demotivation und innere Kündigung – nicht mehr zu tragen bereit sind und das Mitarbeitergespräch für eine Verbesserung der Führungskultur nutzen wollen. Das heißt, für das Gelingen des Mitarbeitergesprächs in der Verwaltung sind Führungskräfte erforderlich, die sich mit der Rolle als „erster Sachbearbeiter" nicht abfinden und ihre Führungsfunktion mit Leben erfüllen wollen. Solche Führungskräfte erkennen den eigentlichen Nutzen dieses Instruments und begreifen, daß sie sich mit dem Mitarbeitergespräch ihre alltägliche Führungsarbeit erleichtern.

Das Mitarbeitergespräch im Gesundheitsbereich

Neben den allgemeinen Wirkungen des Mitarbeitergesprächs sind im Gesundheitsbereich einige für den Krankenhausbereich typische Probleme zu beachten, die sich in den vergangenen Jahren besonders deutlich herauskristallisiert haben:

Der Kostendruck erhöht den Zwang, Ressourcen sorgfältig einzusetzen.

Da wäre zunächst der Kostendruck, der sich in letzter Zeit zu einer besonderen Kostendynamik gesteigert hat: die kostenintensiven Fortschritte der Medizin, der große Personalbedarf und „gedeckelte" Gesundheitsbudgets tragen gemeinsam dazu bei, daß die Krankenhäuser einem besonderen Einsparungsdruck unterliegen. Dies verstärkte in den vergangenen Jahren den Zwang zu konsequentem unternehmerischen Handeln, was unter anderem auch enorme Auswirkungen auf die Organisationsstruktur dieser „Gesundheitsbetriebe" hatte. Diese Umstrukturierung führte zu dem zweiten großen Trend, der zunehmenden Dezentralisierung sowohl in großen Verbünden der kommunalen Krankenhausträger als auch innerhalb eines Krankenhauses. Dezentralisierung bedeutet in der Regel allerdings auch, das man sich über Fragen wie den abgestimmten Einsatz von Ressourcen, über Prioritäten und Meßgrößen abstimmen muß.

Dezentralisierungen fordern eine verstärkte Vereinbarungskultur.

Das Mitarbeitergespräch wird im Krankenhaus deshalb auch zur Unterstützung der Aufgabendelegierung verwendet, die mit der Dezentralisierung einhergeht. So legen beispielsweise Pflegedirektion und Oberschwestern im Mitarbeitergespräch die Richtlinien ihrer Kooperation fest. Auf dieser Grundlage kommt im operativen Alltag viel schneller eine Verständigung zustande, was einerseits die Führungsarbeit auf der Top-Ebene entlastet und andererseits als Anreicherung des Verantwortungsbereichs auf der Ebene der Oberschwestern und der Stationsschwestern empfunden wird.

Zielvorgaben, Prioritäten, überprüfbare Leistungsmaßstäbe, eine Verbesserung der Kooperation zwischen den Hierarchien und den einzelnen Berufsgruppen (wie den Ärzten und der Pflege) sind Leitthemen, die derzeit in Krankenhäusern mit dem Mitarbeitergespräch verbunden sind. Deshalb ist auch die in manchen Häusern übliche Umbenennung des Mitarbeitergesprächs in „Mitarbeiter-Orientierungsgespräch" durchaus angemessen. Die Vereinbarungen, die in diesen Gesprächen getroffen werden, ersetzen natürlich andere Steuerungselemente wie etwa die Regelkommunikation in Teamgesprächen nicht, sondern ergänzen sie nur.

Das Mitarbeitergespräch fördert letztlich die Zusammenarbeit der Berufsstände.

Ein besonderes Problem im Krankenhaus rankt sich rund um die berufsständische Organisation des heilenden und pflegenden Personals. Diese Ordnung gestaltet den täglichen Arbeitsablauf ausgesprochen dysfunktional. Das Mitarbeitergespräch kann auch dazu eingesetzt werden, um dieser ständischen Zersplitterung wieder entgegenzuwirken. Da die Herausforderungen im Krankenhaus unter anderem darin bestehen, interdisziplinäre Ressourcen zu steuern, lassen sich viele Prioritäten nicht mehr isoliert in den Funktionsbereichen planen (z. B. Pflege, Apotheke, ärztliche Leistungen etc.), sondern erfordern – immer schon und heute verstärkt – interdisziplinäre Entscheidungsprozesse. Daher ist gerade im Krankenhaus eine Kombination von teamorientierten mit dyadischen Mitarbeitergesprächen besonders sinnvoll. Vor allem interprofessionelle Teamgespräche sind aus unserer Sicht ein wichtiger Entwicklungsansatz.

Es ist sinnvoll, den Abstimmungsprozeß mit Teamgesprächen der Krankenhausführung mit den Leitungsteams der einzelnen Abteilungen zu beginnen. Diese

Teamgespräche sollten ihre Entsprechung auf den einzelnen Ebenen der Krankenhaushierarchie finden. Zusätzlich empfehlen wir vertiefende dyadische Mitarbeitergespräche innerhalb der einzelnen Funktionsbereiche, wo insbesondere die Kooperationsbeziehung zwischen Vorgesetztem und Mitarbeiter und deren individuelle Entwicklungsplanung Thema sein sollten.

Dritter Teil:

Die Einführung des Mitarbeitergesprächs

8. Die Stahl AG

Das Beispiel der Stahl AG zeigt praxisnah, worauf bei der besonders sensiblen Einführungsphase zu achten ist und welche entscheidenden Aspekte besonders im Auge behalten werden sollten.

Frau Baumgartner ist eine äußerst engagierte Direktorin um die fünfzig; gemeinsam mit ihrem Vorstandskollegen Dr. Schreiber leitet sie die Stahl AG. Die Stahl AG gliedert sich in 16 Geschäftsfelder, die ihrerseits in 67 Abteilungen auf der dritten Organisationsebene organisiert sind. Die Geschäftsfelder werden von sogenannten Bereichsleitern, die Abteilungen von Abteilungsleitern geführt. In den Geschäftsfeldern, für die Frau Baumgartner verantwortlich ist, sind etwas mehr als tausend Mitarbeiter beschäftigt.

Die Stahl AG produziert verschiedene Stahlprodukte, die weltweit vertrieben werden. In den neunziger Jahren war das Unternehmen mit großen Veränderungen konfrontiert. Statt wie bisher in einem geschützten Sektor zu operieren, mußte es lernen, sich verstärkt im rauhen Klima des globalen Wettbewerbs zu bewähren. Der Druck von außen – vom Markt und seitens der unterschiedlichen Kundengruppen – war gestiegen. Die Anforderungen an die Qualität der erbrachten Leistungen, und damit auch an die Eigenverantwortung der Mitarbeiter, waren deutlich höher als früher. Auf diese Veränderungen mußte man reagieren. Der Direktorin war es darüber hinaus ein Anliegen, im Rahmen des Konzerns in ihren Bereichen eine Vorreiterrolle zu übernehmen und die aus ihrer Sicht notwendigen Entwicklungen zeitgerecht voranzutreiben.

Am Anfang stand ein Seminar.

Anfang der neunziger Jahre nahm die Direktorin im Zuge ihrer regelmäßigen Weiterbildungsbemühungen an einem Top-Führungskräfteseminar zum Thema „Personalmanagement und Personalentwicklung“ teil. Hier lernte sie das Mitarbeitergespräch als Instrument der Personalentwicklung genauer kennen. Intuitiv erfaßte sie den Nutzen dieses Werkzeugs, um ihre angesichts der veränderten Unternehmenssituation stark wachsende Führungsverantwortung auf mehrere Schultern – nämlich die ihrer Bereichsleiter – zu verteilen.

Wollte man dem stark gestiegenen Kostendruck und der vehementen Konzernforderung nach einer erhöhten Effektivität des Ressourceneinsatzes Rechnung tragen, so mußten die strategischen Gesamtziele des Unternehmens wirksamer mit dem Handeln der einzelnen Organisationseinheiten verknüpft werden. „Was mich daran begeisterte, war, daß ich hier ein Werkzeug für die praktische Delegation in die Hand bekam. Damit konnte ich meine Führungsverantwortung auf eine breitere Basis stellen“, beschreibt Baumgartner ihr wichtigstes Motiv.

Eine Idee faßt Fuß.

Ihr war von Anfang an klar, daß sie mit diesem Vorschlag nur dann eine Chance haben würde, wenn ihre Mannschaft bereit wäre, mitzuziehen. Ihr Vorschlag, dieses Führungsinstrument im Rahmen einer zweitägigen internen Managementfortbildung kennenzulernen, fand Anklang, weil sich die Bereichsleiter von der Begeisterung ihrer Chefin anstecken ließen. Sie waren besonders davon angetan, von der Vorgesetzten offensichtlich in die Entscheidung einbezogen zu werden und nicht plötzlich vor vollendeten Tatsachen zu stehen.

Was charakterisierte dieses Führungsteam zum Zeitpunkt dieser Entscheidung? Acht der 16 Bereichsleiter waren etwa im Alter der Direktorin. Seit fast zwanzig Jahren hatten diese Führungskräfte miteinander die Stahl AG in verschiedenen Funktionen geprägt. Die andere Hälfte des Führungsteams bestand aus jüngeren Führungskräften im Alter von etwa 30 bis 40 Jahren. Diese waren akademisch ausgebildet und hatten in ihrer bisherigen Laufbahn meist bereits verschiedene Angebote zur Weiterentwicklung ihrer Management-Fähigkeiten wahrgenommen. Im Führungsteam gab es zwar immer wieder Spannungen zwischen den „alten Füchsen" und den „jungen Löwen", die aber durch die unbestrittene Führungsposition der Direktorin in Balance gehalten werden konnten. Wirklich ausgetragen wurden diese Konflikte jedoch nicht. Ungeachtet dieser Teamkonstellation ließen sich die Bereichsleiter gern auf das geplante Seminar ein: Dabei dürfte vor allem die Tatsache entscheidend gewesen sein, daß in der Vergangenheit bereits mehrmals erfolgreiche Innovationen auf Anregung der Direktorin gemeinsam eingeführt worden waren.

Um den Auseinandersetzungsprozeß rund um das Mitarbeitergespräch im Leitungsteam zu fördern, engagierte die Direktorin Trainer für ein zweitägiges innerbetriebliches Fortbildungsseminar speziell für die Bereichsleiter zum Thema „Personalmanagement als Führungsaufgabe". In diesem Seminar kam soviel Interesse an Personalentwicklung auf, daß ein weiterer Informations- und Diskussionstag vereinbart wurde. Dabei wurde durchaus kontrovers über die Chancen, die Risiken und den Sinn der Einführung des Mitarbeitergesprächs diskutiert. Auf der Grundlage dieses engagierten Meinungsbildungsprozesses traf das Führungsteam dann letztlich die Entscheidung, das Mitarbeitergespräch als Führungsinstrument einzuführen.

Der Boden wird bereitet.

Nach der Grundsatzentscheidung im Führungsteam informierte die Direktorin darüber hinaus wichtige „Spieler" offensiv. Formell wäre dies nicht erforderlich gewesen, weil diese Entscheidung eigentlich in ihrer alleinigen Verantwortung lag. Aus langjähriger Erfahrung wußte sie allerdings nur zu gut, daß das geplante Vorhaben ohne Rückendeckung der Angesprochenen in ernsthafte Schwierigkeiten geraten konnte. In diesem Sinne befragte sie auch frühzeitig ihren Vorstandskollegen, in dessen Aufgabenbereich die international operierenden Geschäftsfelder fallen, um seine Meinung. Er unterstützte zwar das Vorhaben seiner Vorstandskollegin, wollte aber vorerst die Erfahrungen in ihrem Bereich aus „sicherer Entfernung" beobachten. Nicht zuletzt war ihm das Mitarbeitergespräch nicht ganz „geheuer", weil er intuitiv eine Einschränkung seiner individuellen Handlungsspielräume als Vorstandsmitglied befürchtete. Dazu war er zu diesem Zeitpunkt (noch) nicht bereit.

Nachdem sich das Führungsteam der Direktorin gemeinsam zur Einführung des Mitarbeitergesprächs verpflichtet hatte, war sie klug genug, sich auch des Interesses des Konzerns zu versichern. So bot sie ihre Modellerfahrung offensiv als Pilotprojekt an. Die Konzernmutter erklärte sich bereit, sich an den Kosten der Einführung zu beteiligen, um im Rahmen einer geplanten Evaluierung die hier gewonnenen Erfahrungen für den Gesamtkonzern zu nutzen. Neben der Führungsebene durfte natürlich die Arbeitnehmervertretung als wichtiger Mitspieler nicht vergessen werden. Die Direktorin informiert dieses Gremium, das durch die spätere Mitarbeit in einer Projektgruppe „Leitfaden Mitarbeitergespräch" auch aktiv in den Prozeß der Einführung eingebunden wurde.

Die Direktorin betrieb also bereits in der Planungsphase, aber auch später während der Einführung, eine konsequente Informationspolitik. Sie berichtete regelmäßig in den Vorstandssitzungen über den Verlauf des Projekts, hielt die Interessenvertretung auf dem laufenden und nutzte immer wieder Sitzungen mit Führungskräften zur Popularisierung dieses Themas, um auch die Abteilungsleiter der dritten Ebene mit dem Instrument vertraut zu machen und diese in die Diskussion einzubeziehen. Dadurch vermittelte sie für alle nachvollziehbar, wie wichtig ihr das Mitarbeitergespräch sei, daß sie aber auch für Gespräche, Anregungen und Kritik offen blieb. Diese Haltung trug sicher wesentlich zur späteren Akzeptanz dieses Instruments in der Stahl AG bei.

Eine Projektgruppe entsteht.

Das Mitarbeitergespräch umfaßt die fünf beschriebenen Bereiche, auf die sich die Gesprächspartner anhand eines Leitfadens vorbereiten. Die Themen selbst sind standardisiert, sie können allerdings ergänzt und in den Fragestellungen an die Gegebenheiten des Unternehmens und der jeweiligen Funktionsgruppen (z. B. Experten, Projektleiter, Sachbearbeiter, Hilfskräfte etc.) angepaßt werden. Wichtig ist, daß sich die Benutzer mit dem Leitfaden sowohl inhaltlich als auch sprachlich identifizieren können. Aus diesem Grund wurde eine Projektgruppe eingerichtet, die ausgesprochen heterogen zusammengesetzt war und den Anwenderkreis des Mitarbeitergesprächs bei der Stahl AG repräsentierte. Sie erhielt den Auftrag, unter Zuhilfenahme von Beispielen aus anderen Organisationen, ihre eigene Version zu entwickeln.

Die Projektgruppe war hochkarätig besetzt. Neben der Direktorin (nur am Beginn) nahmen zwei Mitarbeiter aus ihrem Stab teil. Weiters bestand die Projektgruppe aus einer bunten Mischung aus gut ausgebildeten, intellektuellen „jungen Löwen" und langjährigen Mitarbeitern, die viel Erfahrung mitbrachten. Es wurde darauf geachtet, daß alle Hierarchieebenen des Unternehmens und die Arbeitnehmervertretung mitarbeiteten. Insgesamt bestand die Gruppe aus elf hochmotivierten Personen; unterstützt wurde sie durch eine externe Beratung. Die Gruppe tagte fünfmal je einen halben Tag, obwohl die Teilnehmer ursprünglich dachten, „in einem halben Tag werden wir den Leitfaden auf die Füße gestellt haben".

Die Arbeit in der Projektgruppe verlief sehr engagiert, teilweise auch konfliktgeladen. Es wurde deutlich, wo heikle Stellen im Mitarbeitergespräch lagen. Auch Auffassungsunterschiede hinsichtlich der Wichtigkeit bestimmter Fragestellungen wurden sichtbar und ausgetragen. Der Gesprächsleitfaden entstand schließlich in mehreren Rückkoppelungsschleifen mit den künftigen Anwendern und der externen Beraterin. Die Zähigkeit und Genauigkeit im Finden eines für die Stahl AG angemessenen Leitfadens, der sowohl den allgemeinen Standards eines Mitarbeitergesprächs entsprach als auch die spezielle Prägung des Unternehmens hatte, war eine wichtige Bedingung dafür, daß eine breite Identifikation mit dem Instrument möglich wurde.

So leistete die Projektgruppe wichtige Arbeit auf drei Ebenen:

- Sie paßte den Gesprächsleitfaden inhaltlich und sprachlich an die Kultur der AG an.
- Sie identifizierte strittige Punkte (z. B. welchen Stellenwert die operative Zielvereinbarung im Mitarbeitergespräch haben sollte) und fand gemeinschaftlich getragene Lösungen.
- Sie beschäftigte sich mit den Rahmenbedingungen der Einführung (z. B. mit den Schnittstellen zu anderen Führungsinstrumenten und Maßnahmen, den Umgang mit dem Protokoll etc.) und schuf so wichtige Entscheidungsgrundlagen für die Vorgesetzte.

Ein Blick von außen.

Die gemeinsame Entwicklung eines Gesprächsleitfadens, der den Stempel der jeweiligen Unternehmenskultur trägt, ist erfahrungsgemäß eine Schlüsselstelle in der Einführung des Mitarbeitergesprächs, weil dabei häufig schon jene kritischen Themen ans Tageslicht kommen, die bei der tatsächlichen Implementierung den Erfolg oder Mißerfolg des Mitarbeitergesprächs beeinflussen werden. Daher muß die Zusammensetzung der Projektgruppe ein gutes Abbild der Realität in einer Organisation darstellen. Jede Interessengruppe sollte vertreten sein. Es müssen Personen gefunden werden, die bereit sind, stellvertretend für das Gesamtunternehmen mögliche Konflikte um das Mitarbeitergespräch auszutragen. Wir erleben häufig, daß gerade informelle Einflußträger (wie z. B. der Betriebsrat, „graue Eminenzen" etc.) in solchen Projektgruppen oft überproportional vertreten sind, um das Gewicht der verschiedenen unternehmensinternen wichtigen Gruppen angemessen zu repräsentieren.

Die großen Unterschiede innerhalb der Stahl AG-Gruppe spiegelten die unterschiedlichen Positionen im Unternehmen zum Mitarbeitergespräch. In mehreren Sitzungen wurde über den Leitfaden des Mitarbeitergesprächs heftig gestritten. Dabei erwies es sich im nachhinein als günstig, daß die Direktorin nicht – wie ursprünglich geplant – in dieser Gruppe mitarbeitete. Ihre Autorität hätte die Auseinandersetzung um die unterschiedlichen Führungsverständnisse wahrscheinlich behindert. Ihre Abwesenheit beeinflußte die offene Austragung der Konflikte dagegen positiv und ermöglichte eine Annäherung der Positionen.

Nachdem sich die Projektgruppe „zusammengerauft" hatte, standen ihre Mitglieder felsenfest hinter dem Instrument. Sie wurden zu wichtigen Multiplikatoren für die Verbreitung und „kulturelle Stimmungsmache". Bei den späteren Einführungsschritten arbeiteten sie in unterschiedlichen Rollen weiterhin mit, indem zum Beispiel bei den „Evaluierungsschleifen" jeweils ein Vertreter aus dieser Projektgruppe teilnahm. Für eine längerfristige stabile Verankerung des Mitarbeitergesprächs im Unternehmen war es besonders wichtig, daß diese Projektgruppe auch über ihr formelles Ende hinaus so etwas wie eine Patenschaft über dieses Instrument übernahm und mit Argusaugen über seine weitere Entwicklung in der Stahl AG wachte.

„Top-Klausur" für Vorgesetzte.

Nach der „Absegnung" des Gesprächsleitfadens wurden die Bereichsleiter und die Direktorin in zweitägigen Trainings zu je neun Personen in der Handhabung des Instrumentes geschult. Bei diesem Training ging es darum, die Führungskräfte auf die unterschiedlichen Kommunikationsanforderungen im Mitarbeitergespräch vorzubereiten und Sicherheit im Umgang mit dem Führungsinstrument zu gewinnen. Da die Bereichsleiter bisher unterschiedlich intensiv mit dem Mitarbeitergespräch befaßt waren, fanden hier wichtige inhaltliche Klärungen statt. Für alle Beteiligten entstand aber erst beim Üben wirklich ein „Gespür" für die spezielle Gesprächssituation. Die Videoanalysen und Rückmeldungen der Kollegen zeigten, worauf es beim Mitarbeitergespräch wirklich ankommt. Das gemeinsame Lernen förderte außerdem den Teamgeist, da es nun möglich wurde, miteinander offen über die eigenen Stärken und Schwächen zu sprechen.

Die Teilnehmer gingen mit sehr unterschiedlichen Vorerfahrungen an diesen ersten Schritt der Einführung heran. Die älteren Bereichsleiter gehörten einer Generation an, in der ausschließlich Fachkompetenz Karrieren ermöglichte; sie hatten schon seit Jahrzehnten keine „Schulbank" mehr gesehen. Die „jungen Löwen" waren mit der Rolle als Führungskraft in Fragen der Personalentwicklung durch ihre Ausbildung vertraut. So herrschte viel Angst im Vorfeld dieser Führungskräftequalifizierung. Den einen war eine Art des Lernens vor- und miteinander mit Rollenspielen und Videoauswertungen geläufig; für die anderen war es etwas völlig Neues und Verunsicherndes. Für die älteren Führungskräfte war es daher sehr entlastend und gleichzeitig ermutigend, daß sich die Direktorin als erste vor alle hinsetzte und ein Mitarbeitergespräch führte und sich dazu von den anderen Teilnehmern Feedback holte. Beim zweiten Training war sie nicht dabei. Hier war es bedeutend schwieriger zu erreichen, daß sich die Älteren und Erfahrenen vor den Jüngeren in ähnlicher Weise exponierten.

Der Sprung über den eigenen Schatten.

Eine entscheidende emotionale Barriere beim Mitarbeitergespräch besteht darin, sich selbst als Führungskraft zum Thema zu machen und dabei keine Angst zu haben, die eigene Autorität zu verlieren. Es ist wichtig, aus dieser angstbesetzten Situation herauszukommen und zu einer gemeinsamen Lernhaltung zu finden. Sich selbst im Führungsverständnis und -verhalten vor Kollegen zu zeigen, dies ist eine nicht zu unterschätzende Hürde. Schließlich wird dadurch die individuelle Führungspraxis sichtbar. Erst wenn das gemeinsame Tun im Rollenspiel die Sicherheit erzeugt, sich als Führungskraft „nicht zu blamieren", kann eine innere Akzeptanz für das Mitarbeitergespräch entstehen. Eine rein kognitive Aneignung („übers Reden reden") kann das nicht leisten.

Probelauf auf höchster Ebene.

Die gemeinsame „Feuertaufe" im Rahmen des Einführungsworkshops schuf genügend Sicherheit, das Mitarbeitergespräch auch bei den eigenen Mitarbeitern gut nutzen zu können. So gerüstet, fanden die wirklichen Mitarbeitergespräche statt. Sie wurden von den Beteiligten als sehr positiv empfunden. Dieser Durchgang dauerte etwa zehn Wochen, da die Direktorin 16 Gespräche zu führen hatte – und zusätzlich zu ihrem vollen Arbeitspensum „nur" zwei Gespräche pro Woche schaffte. Der Zeitaufwand pro Gespräch betrug im Schnitt vier Stunden. Die Hälfte davon erforderte die Vorbereitung, die andere entfiel auf das eigentliche Gespräch. Im Folgejahr pendelte sich der Zeitaufwand dank der zunehmenden Vertrautheit mit dem Instrument auf zwei bis drei Stunden pro Gespräch ein.

Eine erste Zwischenbilanz.

Bereits zu Beginn des Projekts wurde vereinbart, die Erfahrungen mit den Gesprächen im Führungsteam auszuwerten, um daraus für die Weiterführung auf der nächsten Ebene zu lernen und laufend Verbesserungen vornehmen zu können. Auf Wunsch der Direktorin wurde zudem bereits nach den ersten drei Gesprächen eine kurze Rückmeldungsschleife eingebaut – gleich nach dem ersten Probelauf mit der nächsten Ebene.

Nachdem alle Gespräche auf dieser Ebene geführt waren, nahm die externe Beraterin eine Evaluierung vor. Die Bereichsleiter wurden in drei Gruppeninterviews befragt. Die Beraterin faßte die Ergebnisse in einem Bericht zusammen, der allen Beteiligten – der Direktorin, den Bereichsleitern, der Projektgruppe und einem Vertreter des Konzerns – in einer gemeinsamen Sitzung vorgestellt wurde. Individuelle Erfahrungen aus den einzelnen Mitarbeitergesprächen verdichteten sich dabei zu einem ersten Gesamtbild. Dieses zeigte sehr deutlich, mit welchen Punkten des Konzepts man sehr gute Erfahrungen gemacht hatte und wo noch einzelne Korrekturen anzubringen waren. In diesem Fall wurden Modifikationen des Gesprächsleitfadens vorgenommen und der Umgang mit dem Protokoll neu geregelt.

Einstimmung auf der nächsten Ebene.

Die zweite Implementierungsphase begann mit der offiziellen Unterrichtung der Abteilungsleiter durch ihren jeweiligen Bereichsleiter. In eigens dafür anberaumten Besprechungen informierten die Bereichsleiter ihr jeweiliges Führungsteam über Sinn und Zweck des Mitarbeitergesprächs, stellten den Gesprächsleitfaden vor, standen für Nachfragen zur Verfügung und vereinbarten Termine für die geplanten Schulungen und Gespräche. Obwohl die Abteilungsleiter bereits vor diesem offiziellen Auftakt viel über das Mitarbeitergespräch gehört hatten, betonten sie in der späteren Evaluierung mehrfach, wie wichtig ihnen die Informationen und die Gelegenheit zu einem Gespräch mit ihrem Bereichsleiter gewesen seien. Dies läßt den Schluß zu, daß es neben der sachlichen Information auch darum ging, zu erfahren, wie der eigene Bereichsleiter zum Mitarbeitergespräch tatsächlich stand und was daher für das Gespräch zu erwarten war. Die spätere Evaluierung zeigte, daß genau diese Unsicherheit – wie der Vorgesetzte mit den teilweise als heikel empfundenen Themen des Mitarbeitergesprächs umgehen würde – bei einigen Abteilungsleitern im Vorfeld Unsicherheit und ein „mulmiges Gefühl" ausgelöst hatte. Andere wiederum gingen einfach neugierig, offen und voll positiver Erwartungen ins Gespräch. In jedem Fall war die Information seitens der

Bereichsleiter ein wichtiges Signal, daß sie das Führungsinstrument auch persönlich angenommen hatten und ernst nahmen.

Training für die Abteilungsleiter.

Alle 67 Abteilungsleiter wurden nun – wie vor ihnen die Bereichsleiter – in eintägigen Trainings auf das Mitarbeitergespräch vorbereitet. Diese Schulungen erfolgten in Kleingruppen (maximal zehn Teilnehmer pro Gruppe) unter externer Betreuung. Diese Qualifizierung verfolgte mehrere Ziele:

- Sie schuf Gelegenheit, Befürchtungen und Ängste, die in den bisherigen Informationsgesprächen beziehungsweise in den informellen Kontakten und auf der Gerüchtebörse entstanden waren, systematisch und unter professioneller Betreuung zu bearbeiten.
- Sie bot die Chance, die Handhabung dieses Instrumentes im Detail kennenzulernen, seine wichtigen Aspekte in der geschützten Atmosphäre des Trainings zu üben und Rückmeldungen über die Wirkungen des eigenen Gesprächsverhaltens zu erhalten.
- Sie erzeugte nicht zuletzt Planungssicherheit über das weitere Vorgehen und stellte die konkrete Verantwortung dieser Führungsebene für die Implementierung des Mitarbeitergesprächs klar.

In diesen Trainingstagen setzte sich die gesamte Führungscrew intensiv mit dem Mitarbeitergespräch auseinander. Die Abteilungsleiter waren in den Meinungsbildungsprozeß bislang nicht annähernd in derselben Intensität eingebunden wie vorher die Bereichsleiter. Das Mitarbeitergespräch löste auf dieser Ebene zahlreiche unterschiedliche Erwartungen, Hoffnungen und Befürchtungen aus. Darüber offen reden zu können, sich mit den Kollegen auszutauschen, die eigene Realitätssicht mit Hilfe eines externen, nicht parteilichen Beraters überprüfen zu können, diese Gelegenheit wurde ausgiebig genutzt und öffnete zweifellos das eine oder andere „Ventil".

Eine ähnliche Wirkung erzielte die Möglichkeit, das unbekannte Instrument im Vorfeld auch zu erproben und dadurch realistischer einschätzen zu können. Die Teilnehmer sondierten, welche Teile des Mitarbeitergesprächs ihnen vermutlich leicht fallen würden und wo sie sich möglicherweise auf schwierige Passagen einzustellen hatten. Aus der Sicht der Abteilungsleiter hatten diese Trainingstage zentrale Bedeutung für die Einführung und das Gelingen der ersten Gesprächsrunde. Allerdings erwies sich der Zeitrahmen als äußerst knapp bemessen. Ein Tag reichte kaum aus, um die beschriebenen inhaltlichen und emotionalen Aspekte durchzuarbeiten. Besonders in schwierigen Gruppen bestand die Gefahr, aufgebrochene Diskussionen oder Lernprozesse nicht befriedigend abrunden zu können. Dies galt vor allem für Gruppen, deren Teilnehmer wenig Vorbildung für die im Mitarbeitergespräch geforderte Form der Gesprächsführung mitbrachten. Ihre Unsicherheit wurde durch eine Konfrontation mit den Anforderungen eher verstärkt. Daher wäre es empfehlenswert gewesen, diesen Führungskräften im Sinne einer gezielten Personalentwicklungsmaßnahme die Möglichkeit eines zweiten Übungstages anzubieten.

Gespräche auf der zweiten Ebene.

Alle 67 Mitarbeitergespräche zwischen den Bereichsleitern und den Abteilungsleitern wurden im Verlauf von etwa zwei Monaten geführt. Sie nahmen etwa zwei bis drei Stunden in Anspruch und wurden in einem störungsfreien Rahmen in angenehmer Atmosphäre abgehalten. Ähnlich wie in der ersten Phase konnte auch hier die Erfahrung gemacht werden, daß es empfehlenswert ist, beim ersten Mitarbeitergespräch im Terminkalender ausreichend Zeit für eine eventuelle Verlängerung zu reservieren.

Der Coach in der Reserve.

Begleitend zu den Mitarbeitergesprächen bestand zusätzlich das Angebot, sich für spezielle Gespräche ein unterstützendes Coaching beim externen Beratungsteam zu holen. Einige Führungskräfte nutzten diese Gelegenheit, um sich in schwierigen Kooperationsbeziehungen externe Unterstützung zu organisieren. Ein Coaching-Beispiel: Ein Bereichsleiter hatte seit zehn Jahren einen Abteilungsleiter, mit dem er ziemlich „in der Sackgasse" war. Sie hatten sich anfänglich gut verstanden, bis verschiedene Konflikte zu einer wachsenden Entfremdung führten. Der Bereichsleiter konnte sich nicht vorstellen, mit dem Kollegen im Rahmen des Mitarbeitergesprächs ausführlich und offen zu sprechen. Hier konnte in einem zweistündigen Coaching die Beziehungsgeschichte analysiert und das Muster ihres „Waffenstillstands" aufgedeckt werden. Mit Hilfe des Coachs war es möglich, dieses eingefahrene, leistungsblockierende Muster zu überwinden. In mehreren Fällen konnten so langjährig eingerastete Interaktionsmuster analysiert und Handlungsalternativen entwickelt werden.

Die zweite Zwischenbilanz.

Bereits im Einführungskonzept war vereinbart worden, während des Prozesses Rückkoppelungsschleifen einzubauen, um für die nächsten Schritte wertvolle Schlußfolgerungen ziehen zu können. Unmittelbar nach Abschluß der Mitarbeitergespräche auf Abteilungsleiterebene folgte eine zweite Auswertungsrunde. Dazu wurden – wieder von der externen Beratung – sechs Gruppeninterviews mit je fünf bis sechs Abteilungsleitern geführt, also mit rund der Hälfte der Mitglieder dieser Führungsebene. Die Gespräche wurden ausgewertet und im erweiterten Führungsteam – bestehend aus der Direktorin, den Bereichsleitern, den Mitgliedern der Projektgruppe und dem Vertreter des Konzerns – besprochen. Diese Auswertung bot reichhaltiges diagnostisches Material, das die Führungssituation insgesamt im Unternehmen recht gut beleuchtete.

Ein Jahr danach: Es geht an die Basis.

Die bisherigen Evaluierungsschritte hatten ergeben, daß die ins Mitarbeitergespräch gesteckten Erwartungen hinsichtlich einer Weiterentwicklung der Führungskultur im Unternehmen durchaus erfüllt worden waren. Deshalb sollten die Gespräche auch wie geplant zwischen den drei Führungsebenen im kommenden Jahr fortgesetzt werden. Eine hohe Ambivalenz herrschte allerdings in bezug auf die Durchführung des Mitarbeitergesprächs mit den Mitarbeitern an der Basis des Unternehmens. Die Hauptargumente der Skeptiker waren:

- der gewaltige Aufwand (bis zu 25 Mitarbeiter pro Abteilungsleiter)
- die zu diesem Zeitpunkt hohe Fluktuation der Mitarbeiter
- die Überschneidung des Mitarbeitergesprächs mit vielen anderen an der Basis eingesetzten Instrumenten
- die Differenziertheit des Leitfadens und
- das Sprachproblem bei vielen ausländischen Mitarbeitern.

Die Befürworter hielten vor allem den hohen motivatorischen Effekt des Instruments dagegen. Für sie war das Hauptargument, an die Basis weiterzugehen, die Verbesserung von oft sehr schwierigen Führungsbeziehungen zwischen den Abteilungsleitern und ihren jeweiligen Arbeitsteams. Der erweiterte Führungskreis kam schließlich überein, das nächste Jahr zu nutzen, um das Mitarbeitergespräch in seiner bestehenden Form, angereichert um die Erfahrungen des Pilotjahres, für die drei Führungsebenen der Stahl AG zu konsolidieren. Parallel dazu wurde in vielen Abteilungen das Mitarbeitergespräch auch an der Basis erprobt. Die Ergebnisse wurden in bewährter Form evaluiert und sind im nächsten Kapitel zusammengefaßt.

9. Die Ansichten der Mitarbeiter zu diesem Führungsinstrument

Im Zuge von Beratungsprojekten zur Einführung des Mitarbeitergesprächs nehmen wir häufig eine Evaluierung über die Wirksamkeit des Mitarbeitergesprächs in der jeweiligen Organisation vor. In Gruppengesprächen ziehen wir gemeinsam mit den Mitarbeitern eine erste Bilanz, auf welche Resonanz dieses Instrument bei ihnen gestoßen ist. Die Anregungen aus diesen Gesprächen dienen dazu, mögliche Verbesserungen bei der zweiten Phase der Einführung oder auch für den „Normalbetrieb“ zu erkennen und die Führungskräfte hinsichtlich ihrer Verantwortung für das Gelingen des Mitarbeitergesprächs zu sensibilisieren. Dies war auch beim zuvor beschriebenen Fallbeispiel der Stahl AG der Fall. Dort wurden mehrere Gruppengespräche geführt, in denen die beteiligten Mitarbeiter ihre Erfahrungen mit dem Mitarbeitergespräch reflektieren konnten. Ergänzt wurden diese Erfahrungsberichte durch Einzelinterviews.

Im Rahmen der Evaluierung wurden folgende Leitfragen mit den Mitarbeitern diskutiert:

- In welcher Weise wurden die Mitarbeiter auf das Mitarbeitergespräch vorbereitet und eingestimmt?
- Mit welchen Erwartungen, inneren Einstellungen und „Vorurteilen“ sind die Mitarbeiter ins Mitarbeitergespräch gegangen?
- Wie gestalteten sich die äußeren Rahmenbedingungen, unter denen die Gespräche stattfanden?
- In welcher Weise und in welchem Ausmaß wurden die einzelnen Themenschwerpunkte des Mitarbeitergesprächs bearbeitet?
- Wie wurde mit dem Protokoll umgegangen?
- Welche Prognosen äußern die Mitarbeiter bezüglich des weiteren Schicksals des Mitarbeitergesprächs im Unternehmen?
- Fazit: Was bedeutete das Mitarbeitergespräch für den Mitarbeiter?

Einstimmung der Basis.

Die meisten Mitarbeiter und Mitarbeiterinnen waren gut über das Projekt „Mitarbeitergespräch“ informiert. Vor allem durch die Anwesenheit der Direktorin bei den verschiedenen Besprechungen und durch die Einführungsinformationen der eigenen Führungskräfte im Rahmen von Teambesprechungen fühlten sich die meisten ausreichend eingebunden. Einige Mitarbeiter reagierten – trotz dieser guten Information – in der Vorbereitungsphase zunächst verunsichert und überfordert. Die Einstellung der Befragten zum Mitarbeitergespräch reichte von neugierig und abwartend bis skeptisch. Vor dem Gespräch gab es Bedenken bei den Mitarbeitern, es bestanden aber auch Hoffnungen. Einige Originalaussagen von Mitarbeitern dazu:

Was die Mitarbeiter erwarten.

- „Es war mir schon ein wenig mulmig, aber ich war neugierig auf die Einschätzung der Vorgesetzten über meine Arbeitsleistung."
- „Ich war gespannt, welche Punkte vom Chef kritisiert würden, aber eigentlich habe ich mich auf das Gespräch gefreut."
- „Ich war neugierig, weil ich das Mitarbeitergespräch schon theoretisch kannte. Aber die Praxis ist dann immer noch etwas anderes."
- „Ich hatte eine neutrale Einstellung und wollte mal schauen, wie es geht. Ich dachte, es ist gut, Ziele festzulegen."
- „Ich wußte nicht, was die Vorgesetzte mit diesen Informationen tun wird. Sie weiß hundertprozentig mehr als ich und kann mich manipulieren."
- „Wir haben vorher Konflikte gehabt, und ich hatte Bedenken, ob das dort ausgetragen wird."
- „Ich habe es gut gefunden, mich damit auseinanderzusetzen, was ich im letzten Jahr gemacht und erreicht habe."
- „Ich habe die Chance gesehen, was loszuwerden und Kritik zu üben, ohne daß der andere dabei beleidigt wird."

Mit dem Chef in Ruhe sprechen.

Bis auf wenige Ausnahmen lobten die Befragten die gute Gesprächsatmosphäre. Vor allem die fehlenden Störungen wurden als wichtige Bedingung für das Gelingen hervorgehoben.

Schritt für Schritt: Behandlung von Themenschwerpunkten

Schritt 1: Die bisherigen Leistungen

Für viele war das Gespräch über ihre Leistungen sehr nützlich. Es brachte zum Teil Bestätigungen, aber auch überraschende Erkenntnisse. Wichtig für viele war die Gelegenheit, die Führungskraft über die eigenen Tätigkeitsfelder und Aufgaben zu informieren:

- „Ich war enttäuscht, daß sie gar nicht weiß, was ich mache."
- „Es war eine Anerkennung, die man sonst selten bekommt."
- „Wenn man Ziele formuliert, kann man auch Vorgesetzte darauf ansprechen und sagen, wo man unterstützt wurde und wo nicht."
- „Das war nicht so einfach, weil er keinen unmittelbaren Einblick in meine Arbeit hat. Aber wir sind draufgekommen, daß meine Ziele auch seine Wünsche sind. Dadurch war dann die Zielvereinbarung leichter."
- „Wir haben diese Themen länger besprochen, weil wir unterschiedliche Vorstellungen über meine Arbeitsleistung hatten."

Schritt 2: Wie steht es um Qualifikationen und Fähigkeiten?

Dieses Thema war für viele emotional sehr wichtig. Trotz der anfänglichen Schwierigkeiten war es wichtig, Klarheit über die Einschätzung des Vorgesetzten zu bekommen:

- „Es ist gut, wenn man Feedback bekommt. Denn oft empfindet man die eigene Schwäche stärker als der andere."
- „Wir haben sehr offen, ruhig und sachlich diskutiert, und jetzt ist das gegenseitige Verständnis besser."
- „Ich hatte schon so viele ‚Wickel' mit dem Vorgesetzten, daher wissen wir sehr genau, was wir tun, wenn

wir Krieg haben und was wir tun, wenn wir keinen haben – und das zu besprechen war sehr gut."

- „Vorher hatte ich nur so ein Gefühl, wo ich stehe, jetzt weiß ich es wirklich."
- „Was er gesagt hat, hat mich überrascht. Ich bin mit dem Gefühl aus dem Gespräch gegangen: ‚Was bin ich für ein klasse Kerl', obwohl er auch kritisch zu mir war."
- „Für mich war dieser Punkt das Unangenehmste. Ich habe gewußt, daß ich hier Kritik einstecken muß, aber es wurde mal gesagt."

Schritt 3: Ein Austausch über Führung und Zusammenarbeit

Dieser Teil wurde von vielen als besonders heikel empfunden. Trotzdem konnten es die meisten Mitarbeiter nutzen, um ihre Zusammenarbeit und Kompetenzaufteilung gründlich zu besprechen und teilweise neu zu gestalten. Das Gespräch über die Kooperationsbeziehung war ein wichtiger Schritt, weil dadurch das Vertrauen wachsen konnte:

- „Momentan hat es was gebracht, weil es ausgesprochen wurde. Die Frage ist, ob es langfristig wirklich was ändert."
- „Das war interessant, und ich glaube, das war auch für die Chefin interessant, was ich als ihre Führungsaufgaben sehe. Vor allem, wenn ich andere Vorstellungen habe, dann kann sie sich damit auseinandersetzen."
- „Ich konnte meine Kompetenzen besser abgrenzen."
- „Wir konnten auch unangenehme Dinge in unserer Zusammenarbeit besprechen."
- „Wir haben vereinbart, daß wir beim nächsten Konflikt nicht bis zum Mitarbeitergespräch warten, sondern es sofort ansprechen wollen."
- „Obwohl heikel, wurde es ausführlich besprochen. Es ist sehr abhängig vom gegenseitigen Vertrauen. Und das war da."

- „So ein Gespräch haben wir noch nie geführt. Das erleichtert manches."

Schritt 4: Die künftigen Arbeitsschwerpunkte
Die Vereinbarung von Zielen war in vielen Fällen klärend. Zum Teil mußte man sich über unterschiedliche Vorstellungen verständigen, um zufriedenstellende Ziele zu erarbeiten. Vielfach wurden Kompromisse vereinbart:

- „Die Ziele haben sich aus der Rückschau heraus sehr gut entwickelt."
- „Wir haben greifbare Ziele vereinbart, die in einem Jahr realisierbar sind."
- „Wir haben die Ziele übereinstimmend festgelegt. Ein für mich unrealistisches Ziel von ihm habe ich abgelehnt und das hat er auch so angenommen. Das ist bei uns so üblich."
- „Vorher haben wir nie darüber gesprochen, wie kann der Chef mich dabei unterstützen."
- „Jetzt kann der Chef besser koordinieren, wenn er die Ziele aller in der Abteilung kennt."

Schritt 5: Hilfe zur Personalentwicklung
Auch für eine gezielte Personalentwicklung konnte das Mitarbeitergespräch in der Stahl AG gut genutzt werden. Für viele wurde dadurch die Verbindung zwischen ihren persönlichen Stärken, ihrem Aufgabenbereich und erforderlichen Qualifizierungsschritten deutlich. Teilweise wurde jedoch Skepsis geäußert, wieweit sich die getroffenen Vereinbarungen auch umsetzen ließen.

- „Er hat meine Schulungswünsche akzeptiert. Er hat mir eine Broschüre gezeigt, und da habe ich noch was gefunden und vereinbart."
- „Arbeitsziele und Schulungen gehören zusammen, um diese neuen Herausforderungen auch bewältigen zu können."
- „Ich habe Vorschläge präsentiert, und sie war ganz

meiner Meinung. Jetzt muß ich abwarten, ob die Vereinbarungen auch halten."

- „Er hat mir einen Lehrgang angeboten und ich habe gedacht ‚Will er mich loswerden?'"

Fazit: Was war das Mitarbeitergespräch für Sie?

Dazu wieder einige Originalformulierungen der Mitarbeiter und Mitarbeiterinnen:

- „Es war positiv, mit dem Chef in Ruhe reden zu können."
- „Das Niederschreiben der Vereinbarungen ‚schwarz auf weiß' ist sehr gut, weil es Verbindlichkeiten schafft."
- „Es war etwas Neues und Aufregendes."
- „Es war angenehm, interessant und teilweise überraschend."
- „Ich habe dadurch ein Führungswerkzeug nach oben und nach unten kennengelernt."
- „Eine faire Möglichkeit, der Vorgesetzten etwas mitzuteilen und umgekehrt – ohne Streß."
- „Es war eine Standortbestimmung für beide Seiten. Eine gute Orientierungshilfe, um sich besser kennenzulernen."
- „Für mich ist es ein Weg, von der Einwegkommunikation wegzukommen. Dadurch gibt es die Möglichkeit, etwas gemeinsam zu gestalten."
- „Man hat das Gefühl, daß man besser verstanden wird."
- „Es fördert das gegenseitige Verständnis."
- „Orientierung und Chance."
- „Für mich war es aufschlußreich, interessant und gut."
- „Es hat mich sehr motiviert und bestärkt in der Arbeit."
- „Eine Chance zur Verbesserung der Arbeit und der Gesprächskultur."
- „Ich dachte, da kann man was ändern, aber es hat sich nichts geändert."

- „Es ist was völlig Neues. Mal schauen, was daraus wird."

Die Liste der positiven Meldungen macht deutlich, daß dieses Instrument bei den Mitarbeitern der Stahl AG auf breite Zustimmung und Unterstützung gestoßen ist.

10. Voraussetzungen für den Erfolg

Aus diesem Fallbeispiel lassen sich einige zentrale Weichenstellungen für den Erfolg oder den Mißerfolg bei der Einführung des Mitarbeitergesprächs in einem Unternehmen ableiten:

Vorbildliche Führungskraft

Die Implementierung des Mitarbeitergesprächs in ein System hat nur dann wirklich gute Chancen, wenn sich die Führungsspitze damit identifiziert. Dieses Engagement betrifft sowohl die Informationspolitik und die Förderung des Meinungsbildungsprozesses als auch den eigenen Umgang mit dem Instrument. Der Vorgesetzte gewinnt mit seiner Haltung eine ganz wichtige Vorbildfunktion. Schließlich bringt die Einführung des Mitarbeitergesprächs unweigerlich ein gehöriges Pensum an Mehrarbeit mit sich, die neben dem im Unternehmen üblichen Arbeitspensum oft an die Grenzen des Machbaren stößt. Nur wenn die Führungskräfte an der Spitze überzeugt sind, daß auch ein entsprechender „Return on Investment" zu erwarten ist – oder dies zumindest ernsthaft überprüfen wollen –, kann genügend Energie für diese Innovation mobilisiert werden.

Die Mitstreiter der zweiten Führungsebene

In einer Top-down-Implementierung hängt ein Gutteil des Erfolgs davon ab, ob es gelingt, die Mitglieder der zweiten Führungsebene als Mitträger des Prozesses zu gewinnen. Dazu dient eine sorgfältige Vorabinformation und ein gemeinsamer Wissensstand als Entscheidungsgrundlage. Wenn man sich nicht scheut, einen Diskussionsprozeß über die Chancen und möglichen Folgekosten schon im Vorfeld der Entscheidung – wo auch Bedenken Platz haben dürfen – zu führen, entsteht Sicherheit. Die Führungskräfte können sich ein Bild von dem machen, was auf sie zukommt, und sind in der Lage, unbegründete Ängste abzubauen. Auch das ist ein nicht zu unterschätzender Motivationsfaktor.

Gut durchmischte interne Projektgruppen

Durch die Arbeit am Leitfaden und in den Trainings werden Räume geschaffen, wo Bedenken, Ängste, Unvereinbarkeiten, Gestaltungsideen etc. Platz haben und schon vorweg bearbeitet werden können. Deswegen ist es wichtig, daß in der vorbereitenden Projektgruppe unterschiedliche Meinungen, Funktionen und Altersgruppen vertreten sind. Sie handeln sozusagen stellvertretend für alle Organisationseinheiten die strittigen Punkte aus. Dadurch wird das System des Mitarbeitergespräches nicht nur an die besonderen Gegebenheiten angepaßt. Die Auseinandersetzungen in der Projektgruppe schaffen darüber hinaus allgemeine Akzeptanz und entlasten später somit die eigentlichen Gespräche. Die Projektgruppe sollte aber keinesfalls mehr als sieben bis acht Personen umfassen.

Begleitendes Lernen

Trainings als flankierende Maßnahme sind insofern wichtig, als die Kommunikation im Mitarbeitergespräch sehr anspruchsvoll ist. Erfahrungsgemäß darf die Qualifikation für diese Form der Gesprächsführung nicht vorausgesetzt werden. In entsprechenden Trainings entsteht nicht nur das Vertrauen, daß man sich „drübertrauen" kann. Durch die Vermittlung der entsprechenden kommunikativen Instrumente erkennen die Teilnehmer oft überrascht, wie spannend und nützlich das Mitarbeitergespräch sein kann. Das schafft eine günstige Ausgangssituation für die erste Runde.

Aktuelle Probleme ansprechen

Es ist damit zu rechnen, daß das Mitarbeitergespräch auch ein Seismograph für anstehende Fragen der Führung und der Organisation in den einzelnen Abteilungen ist. Das macht es zu einem „scharfen" Instrument, das auch bedrohlich wirken kann. So kann es beispielsweise leicht passieren, daß Ängste und Verletzungen einer früher durchgeführten Restrukturierung plötzlich wieder an die Oberfläche kommen. Es ist günstig, wenn diese Themen im Zusammenhang mit dem Mitarbeitergespräch nicht tabuisiert werden. Sonst entsteht leicht der Eindruck, daß das Mitarbeitergespräch nichts bewirken wird.

In der Einführungsphase dienen die Evaluationsgespräche unter anderem dazu, diese Organisationsfragen nochmals herauszufiltern, rückzumelden und für die Unternehmensspitze handhabbar zu machen.

Pflege und „Wartung"

Das Mitarbeitergespräch als Führungsinstrument muß gewartet werden, weil sonst die Gefahr besteht, daß es mit der Zeit zu lässig gehandhabt wird. Dazu dienen alljährliche Reflexionsschleifen über die aktuelle Praxis und ein unternehmensintern veröffentlichter Diskurs über die vorhandenen Erfahrungen.

Vierter Teil:
Service

Ein wichtiger Faktor für den Erfolg des Mitarbeitergesprächs ist die richtige Einstimmung und Vorbereitung. Es hat sich bewährt, die fünf Themenbereiche in Form eines Leitfadens für Führungskräfte und Mitarbeiter vorzubereiten. Die beiden folgenden Leitfäden sind in der Praxis bewährte Unterlagen zur Vorbereitung. Sie ähneln sich in ihrer Grundstruktur, sind nur jeweils aus der Perspektive des Vorgesetzten bzw. des Mitarbeiters formuliert.

11. Vorbereitungsunterlagen für Führungskräfte

Einstimmung

Bevor Sie diese Vorbereitungsunterlage – die als Anregung zu verstehen ist – durcharbeiten, stimmen Sie sich auf Ihren Gesprächspartner/Ihre Gesprächspartnerin und das bevorstehende Gespräch ein. Überlegen Sie, wie Ihre momentane Arbeitsbeziehung aussieht, welche erfreulichen und belastenden Situationen Ihnen aus dem vergangenen Jahr in Erinnerung sind. Welche Auswirkungen hatten diese auf Ihre bisherigen Möglichkeiten der Zusammenarbeit? Welche Art von Gesprächsbasis haben Sie miteinander? Was möchten Sie in dieser Hinsicht in dem bevorstehenden Jahresgespräch erreichen? Welche innere Einstellung und persönliche Haltung ist für die Verwirklichung dieses Zieles förderlich?

A Rückschau

1. Für welche Tätigkeitsbereiche hat Ihr Mitarbeiter/Ihre Mitarbeiterin im vergangenen Jahr den Großteil seiner/ihrer Zeit aufgewendet? Es geht dabei nicht so sehr um formale Festlegungen, sondern um tatsächlich durchgeführte Arbeiten.
2. Sind aus Ihrer Sicht die Zuständigkeiten Ihres Mitarbeiters/Ihrer Mitarbeiterin klar geregelt?
3. Kennt Ihr Mitarbeiter/Ihre Mitarbeiterin die Zuständigkeiten, die sich aus seinem/ihrem Aufgabenfeld ergeben?
4. Welche Vereinbarungen wurden zu diesen Schwerpunkten und Zuständigkeiten in der letzten Zeit getroffen?
5. Inwieweit hat Ihr Mitarbeiter/Ihre Mitarbeiterin die vereinbarten und ihm/ihr übertragenen Aufgaben er-

füllt? Was ist gelungen? Was ist verbesserungswürdig? Und wodurch wurde die Erfüllung der Aufgaben beeinflußt? Beziehen Sie auch Fördermaßnahmen in Ihre Überlegungen mit ein. Was ist diesbezüglich geschehen? Mit welchem Ziel? Was hat es gebracht? Und was hat sich im alltäglichen Arbeitsgeschehen bewährt/nicht bewährt?

6. Welche Kriterien sind aus Ihrer Sicht wichtig, damit Ihr Mitarbeiter/Ihre Mitarbeiterin seine/ihre Aufgaben erfüllen kann? Rufen Sie sich diesbezüglich Beispiele in Erinnerung, die Ihre Einschätzung verdeutlichen.
7. Welche organisatorischen Maßnahmen scheinen Ihnen sinnvoll, um die Aufgaben Ihrer Organisationseinheit effizienter zu gestalten?

Notizen:

B Eignungsschwerpunkte

1. Wo sehen Sie die fachlichen und persönlichen Stärken Ihres Mitarbeiters/Ihrer Mitarbeiterin? Entfaltet er/sie sich stärker im eigentlichen Fachgebiet oder in angrenzenden Fachgebieten? Handelt es sich eher um einen Generalisten/eine Generalistin oder einen Spezialisten/eine Spezialistin? Welche Beobachtungen konnten Sie in seinem/ihrem Umgang mit Kollegen, Mitarbeitern, Vorgesetzten, anderen Dienststellen oder im Kontakt mit Kunden machen?
2. Welche besonderen fachlichen Interessen beobachten Sie bei Ihrem Mitarbeiter/Ihrer Mitarbeiterin?
3. Worin sehen Sie etwaige persönliche oder fachliche Probleme Ihres Mitarbeiters/Ihrer Mitarbeiterin, die ihn/sie bei der Erfüllung seiner/ihrer Aufgaben behindern? In welchen Situationen zeigen sich diese?
4. Welche Begabungen Ihres Mitarbeiters/Ihrer Mitarbeiterin wollen Sie aufgrund seiner/ihrer Leistungen in der künftigen Arbeit besonders berücksichtigen? Wie können diese besonderen Eignungen in die zukünftige Aufgabenstellung – innerhalb der Organisationseinheit bzw. innerhalb des Unternehmens – erfolgreich einfließen?
5. Hat Ihr Mitarbeiter/Ihre Mitarbeiterin Eignungen und Fähigkeiten, die er/sie bei seiner/ihrer derzeitigen Verwendung nicht einbringen kann?
6. Welche weiteren Entwicklungsperspektiven sind für den Mitarbeiter/die Mitarbeiterin aus Ihrer Sicht denkbar?

Notizen:

C **Führung und Zusammenarbeit**

1. Was betrachten Sie als Ihre wichtigsten Führungsaufgaben (zum Beispiel informieren, motivieren, delegieren, entscheiden, kontrollieren, Strategien entwickeln, Ziele definieren, Mitarbeiter entwickeln, ...)?
2. Was davon möchten Sie mit Ihrem Mitarbeiter /Ihrer Mitarbeiterin besprechen, da es aus Ihrer Sicht für die gemeinsame Arbeit notwendig ist?
3. Welche Erwartungen haben Sie an Ihren Mitarbeiter/Ihre Mitarbeiterin hinsichtlich Ihrer Zusammenarbeit? Was sollte beibehalten werden? Was sollte sich aus Ihrer Sicht ändern?
4. Welche bisherigen Erfahrungen haben Sie mit Ihrem

Mitarbeiter/Ihrer Mitarbeiterin gemacht hinsichtlich seiner/ihrer Zusammenarbeit

- mit gleichgestellten Kollegen?
- mit seinen eigenen Mitarbeitern?
- mit anderen Organisationseinheiten im Unternehmen?

5. Welche Erwartungen knüpfen Sie deshalb künftig an das Verhalten Ihres Mitarbeiters/Ihrer Mitarbeiterin?
6. Wie möchten Sie, daß Ihr Mitarbeiter/Ihre Mitarbeiterin den Kontakt zu Kunden und sonstigen Außenstehenden gestaltet?

Notizen:

D Ziele, Aufgaben und Erfolgskriterien

1. Was sind die mittel- und langfristigen Aufgaben und Entwicklungsschwerpunkte Ihrer Organisationseinheit? Welche Prioritäten wollen Sie als verantwortliche Führungskraft diesbezüglich setzen?
2. Sind Sie selbst über die mittel- und langfristige Ausrichtung und die Entwicklungsschwerpunkte Ihrer Organisationseinheit ausreichend informiert? Wenn nein, wie können Sie sich diesbezügliche Informationen beschaffen?
3. Welche Aufgaben und Zielsetzungen sehen Sie für Ihren Mitarbeiter/Ihre Mitarbeiterin und seine/ihre Organisationseinheit im nächsten Jahr? Welche Bereiche sollen wie bisher weitergeführt werden? Wo erwarten Sie Neuerungen?
4. Welche Voraussetzungen (in sachlicher und personeller Hinsicht, Zeit und Kompetenzen) benötigt Ihr Mitarbeiter/Ihre Mitarbeiterin dazu?
5. Welche Auswirkungen hat die Festlegung dieser Aufgaben auf Ihre anderen Mitarbeiterinnen und Mitarbeiter sowie auf andere Organisationseinheiten und Dienststellen und deren Aufgaben? Gibt es diesbezüglich einen gemeinsamen Klärungs- und Abstimmungsbedarf? Wenn ja, mit wem?
6. Welche konkreten Ergebnisse erwarten Sie von Ihrem Mitarbeiter/Ihrer Mitarbeiterin bis zum Ende der nächsten Periode? An welchen Kriterien werden Sie Arbeit und Ergebnisse messen?

Notizen:

E **Entwicklungsmaßnahmen**

1. Wodurch können Sie die Qualifikation Ihres Mitarbeiters/Ihrer Mitarbeiterin in fachlicher und persönlicher Hinsicht fördern? Welche konkreten Schritte und Maßnahmen sind unbedingt erforderlich? Welche sind denkbar und wünschenswert?
2. Was können Sie zur Verwirklichung dieser Vorhaben beitragen (Begleitung, Zeit, Fortschrittsgespräch, Umsetzung der in Seminaren erworbenen Kenntnisse in den Arbeitsalltag, ...)? Was kann Ihr Mitarbeiter/Ihre Mitarbeiterin dazu beitragen? Welche Erwartungen haben Sie diesbezüglich?
3. Beispiele für Entwicklungsmaßnahmen: siehe Anhang

Notizen:

Anhang: Mögliche Entwicklungsmaßnahmen

Beispiele für Maßnahmen am Arbeitsplatz:

- Instruktion und Unterweisung durch den Vorgesetzten, einen Experten oder Fachkollegen
  Ziele: Fachwissen erweitern
  Einschulung
- Delegation von Sonderaufgaben/Aufgabenerweiterung/Projektleitung
  Mitarbeit in oder Leitung von Projekten, welche die ganze Abteilung betreffen
  Ziele: Erfahrung in Projektarbeit
  Teamfähigkeit entwickeln
  Erfahrung mit Projektleitung
  Horizonterweiterung
- Lerngruppen und Problemlösungsgruppen
  Bearbeitung von Lernthemen oder anstehenden Problemen in Teams
  Ziele: praxisnahe Wissensvertiefung
  Problembearbeitung
  Teamfähigkeit
- Stellvertretung des Vorgesetzten während dessen Abwesenheit
  Ziele: Kennenlernen der Führungssituation
  Besprechungsleitung
- Referententätigkeit bei internen Seminaren oder bei Einschulungen
  Ziele: didaktische Fähigkeiten verbessern
  Präsentationsfähigkeit entwickeln
  Kommunikationsfähigkeit erweitern
  Vertiefung im Fachgebiet
- Mitarbeit in bereichsübergreifenden Arbeitsgruppen
  Ziele: Horizonterweiterung
  Vertiefung des Fachwissens
  Vertretung der Abteilung
- Selbststudium
  Literatur-/Fachzeitschriftenstudium mit anschließen-

der Besprechung mit einem Experten oder dem Vorgesetzten
Ziel: Erweiterung des Fachwissens

Weitere denkbare Entwicklungsmaßnahmen:

- Auslandsentsendungen
  Ziele: Sprachkenntnisse verbessern
  internationales Knowhow erweitern
  Verständnis für andere Kulturen entwickeln
- Traineeprogramm
  Ziele: Fachwissen erweitern
  bereichs-/funktionsübergreifendes Verständnis fördern

Maßnahmen außerhalb des Arbeitsplatzes:

- Seminare, Lehrgänge, Kurse
  Ziele: Wissenserwerb/-erweiterung
  Lernen im Verhaltensbereich
  Erfahrungsaustausch zwischen den Teilnehmern
- Tagungen
  Ziele: Wissensvertiefung
  Erfahrungsaustausch
- Mitarbeit in externen Arbeitsgruppen
  Ziele: Horizonterweiterung
  Vertiefung des Fachwissens
  Vertretung der Unternehmung

12. Vorbereitungsunterlagen für Mitarbeiter

Einstimmung

Bevor Sie diese Vorbereitungsunterlage – die als Anregung zu verstehen ist – durcharbeiten, stimmen Sie sich auf Ihren Gesprächspartner bzw. auf Ihre Gesprächspartnerin und das bevorstehende Gespräch ein.

Überlegen Sie, wie die momentane Arbeitsbeziehung mit Ihrem Vorgesetzten/Ihrer Vorgesetzten aussieht, welche erfreulichen und belastenden Situationen aus dem vergangenen Jahr Ihnen in Erinnerung sind. Welche Auswirkungen hatten diese auf Ihre bisherigen Möglichkeiten der Zusammenarbeit? Welche Art von Gesprächsbasis haben Sie miteinander? Was möchten Sie in dieser Hinsicht in dem bevorstehenden Jahresgespräch erreichen? Welche innere Einstellung und persönliche Haltung ist für die Erreichung dieses Zieles förderlich?

A Rückschau auf die Aufgaben und Ergebnisse der vergangenen Periode

1. Für welche Tätigkeitsbereiche haben Sie im vergangenen Jahr den Großteil Ihrer Zeit aufgewendet? Es geht dabei nicht so sehr um formale Festlegungen, sondern um tatsächlich durchgeführte Arbeiten.
2. Sind Ihre Zuständigkeiten und Ihre Verantwortung klar definiert?
3. Welche Vereinbarungen wurden zu diesen Schwerpunkten und Zuständigkeiten in der letzten Zeit getroffen?
4. Inwieweit haben Sie die vereinbarten Aufgaben erfüllen können? Was ist gelungen? Was ist verbesserungswürdig? Wo sehen Sie rückblickend Ansatzpunkte in

Ihrem Verantwortungsbereich, über die es sich lohnen würde, mit Ihrem Vorgesetzten/Ihrer Vorgesetzten einmal genauer nachzudenken?

5. Welche Kriterien sind ausschlaggebend dafür, daß Sie persönlich mit dem Ergebnis Ihrer Arbeit zufrieden sind? Was macht Sie unzufrieden? Welche fördernden/welche hemmenden Faktoren haben Sie im Hinblick auf eine effiziente Erfüllung Ihrer Aufgaben in letzter Zeit besonders beeinflußt?
6. Welche organisatorischen Maßnahmen scheinen Ihnen sinnvoll, um die Aufgaben Ihrer Organisationseinheit effizienter zu gestalten?
7. An welchen der vereinbarten Fördermaßnahmen haben Sie teilgenommen/an welchen nicht? Warum nicht? Welche Ziele wurden mit diesen Maßnahmen verfolgt?
8. Was haben diese Förderungen bewirkt? Was hat sich im alltäglichen Arbeitsgeschehen bewährt/nicht bewährt?

Notizen:

B Ihre Eignungsschwerpunkte

1. Wo sehen Sie Ihre fachlichen und persönlichen Stärken? Worauf sind Sie stolz? Was können Sie besonders gut?
2. Auf welchen Gebieten liegen Ihre besonderen fachlichen Interessen?
3. Wo sehen Sie persönliche oder fachliche Probleme, die Sie bei der Erfüllung Ihrer Aufgaben behindern? Was können und möchten Sie daran ändern?
4. Welche persönlichen Zielvorstellungen und Interessen haben Sie für Ihre weitere berufliche Tätigkeit? Welche fachlichen Interessen möchten Sie künftig verstärkt in Ihre berufliche Tätigkeit einbringen?
5. Welche Ihrer Eignungen und Fähigkeiten können Sie bei Ihrer derzeitigen Verwendung nicht einbringen? Warum nicht?
6. An welchen Aufgaben würden Sie gerne mitarbeiten, da sie Ihnen aufgrund Ihrer persönlichen Begabungen und Interessen in nächster oder fernerer Zukunft interessant erscheinen?

Notizen:

C Führung und Zusammenarbeit

1. Welche Führungsaufgaben sollte Ihr Vorgesetzter wahrnehmen? Und wie sollte er dies tun? Welche Erfahrungen haben Sie bislang gemacht, etwa in Hinblick auf
   - Weitergabe von Informationen
   - Durchführung und effiziente Gestaltung von Besprechungen
   - Koordination
   - Klärung offener Fragen
   - Delegation von Aufgaben
   - rechtzeitige Entscheidungen
   - der Beteiligung anderer an Entscheidungen
   - Konfliktfähigkeit
   - Kontrolle und Feedback auf Leistungen
   - Förderung von Mitarbeitern
   - Unterstützung von Mitarbeitern
2. Was sollte aus Ihrer Sicht in der Zusammenarbeit mit Ihrem Vorgesetzten beibehalten werden, was sollte sich ändern?
3. Wie beurteilen Sie Ihre Zusammenarbeit:
   - mit Ihren gleichgestellten Kollegen und Kolleginnen?
   - mit Ihren eigenen Mitarbeitern und Mitarbeiterinnen?
   - mit anderen Organisationseinheiten im Unternehmen?

   Was möchten Sie hinsichtlich der Qualität dieser Zusammenarbeit verstärken? Was möchten Sie ändern?
4. Welche Erfahrungen haben Sie mit Kunden und sonstigen Außenstehenden gemacht? Sehen Sie hier einen Änderungsbedarf?

Notizen:

____

____

____

D Ziele, Aufgaben und Erfolgskriterien

1. Welche mittel- und langfristigen Aufgaben und Entwicklungsschwerpunkte sehen Sie in Ihrer Organisationseinheit?
2. Fühlen Sie sich über die mittel- und langfristige Ausrichtung und die Entwicklungsschwerpunkte Ihrer Organisationseinheit überhaupt ausreichend informiert?
3. Welche Hauptaufgabe sehen Sie im nächsten Jahr?
4. Welche Voraussetzungen (in sachlicher und personeller Hinsicht, Zeit und Kompetenzen) benötigen Sie dazu? Welche Schwerpunkte würden Sie im Rahmen der Ziele Ihrer Organisationseinheit für sich selbst gerne setzen? Welche Argumente sprechen für diese Schwerpunkte? Welche Änderungen (z. B. hinsichtlich Aufgabenverteilung, organisatorischer Abläufe, technischer Neuerungen, möglicher Kosteneinsparungen, ...) halten Sie in Ihrer Abteilung für zweck-

mäßig? Welche Tätigkeiten sind aufgrund verschiedener Veränderungen im Umfeld möglicherweise überflüssig geworden?

5. Mit wem müssen Sie für eine effiziente Erfüllung Ihrer Aufgaben kooperieren (Schnittstellen)? Gibt es diesbezüglich einen gemeinsamen Klärungs- und Abstimmungsbedarf? Wenn ja, mit wem?
6. Welche Maßstäbe legen Sie persönlich an Ihre Leistungen an?

Notizen:

E Entwicklungsmaßnahmen

1. Welche Schritte zur Aufrechterhaltung und Weiterentwicklung Ihrer Qualifikation in fachlicher und persönlicher Hinsicht würden Sie bei der Bewältigung Ihrer derzeitigen und künftigen Aufgaben unterstützen? Welche konkreten Maßnahmen halten Sie diesbezüglich für unbedingt notwendig? Welche für wünschenswert und von der Arbeit her auch für machbar?
2. Was erwarten Sie in dieser Hinsicht von Ihrem Vorgesetzten? Was können und wollen Sie selbst dazu beitragen?
3. Beispiele für Entwicklungsmaßnahmen: siehe Anhang Kapitel 11.

Notizen:

13. Gesprächsprotokoll zum Mitarbeitergespräch

Name des Mitarbeiters/der Mitarbeiterin:

Name der Führungskraft:

Rückschau:
Eignungsschwerpunkte:
Führung und Zusammenarbeit:
Ziele, Aufgaben und Erfolgskriterien:
Sonstiges:

Zum Umgang mit dem Gesprächsprotokoll

Um das Vertrauen in das Mitarbeitergespräch zu sichern, gelten für den Umgang mit dem Gesprächsprotokoll folgende Vereinbarungen:

1. Das Gesprächsprotokoll ist ein persönliches Schriftstück der beiden Gesprächspartner, auf das sonst niemand zugreifen darf.
2. Das Gesprächsprotokoll wird nach dem Gespräch von beiden unterfertigt, ein Exemplar wird von dem Vorgesetzten/der Vorgesetzen aufbewahrt, eines von dem Mitarbeiter/der Mitarbeiterin.
3. Liegt ein neues Gesprächsprotokoll vor, ist das vorangegangene in Anwesenheit beider Gesprächspartner zu vernichten; das gleiche gilt für den Fall, daß der Vorgesetzte/die Vorgesetzte oder die Position des Mitarbeiters/der Mitarbeiterin wechselt. Die praktische Relevanz des Protokolls ist demnach an das Weiterbestehen der Vorgesetzten-Mitarbeiter-Beziehung der beiden Gesprächspartner gebunden.

Mitarbeiter/ Mitarbeiterin:	Vorgesetzter/ Vorgesetzte:
______________	______________
Unterschrift	Unterschrift

14. Ergebnisprotokoll zur Zielvereinbarung

Name des Mitarbeiters/der Mitarbeiterin:

____

Datum:

____

Zielvereinbarungen:

Zielsetzung	Termin
Zielsetzung	Termin
Zielsetzung	Termin
Zielsetzung	Termin
Zielsetzung	Termin
Zielsetzung	Termin

15. Dokumentation der Entwicklungsmaßnahmen

Name des Mitarbeiters/der Mitarbeiterin:

___

Bereich/Abteilung/Gruppe:

___

Nr.	Maßnahmen	Verantwortlich für die Durchführung	Abgeschlossen bis
	Arbeitsplatzbezogene Maßnahmen: Schulungen, Seminare:		

Fähigkeiten und Kenntnisse, die in der momentanen Verwendung nicht eingesetzt werden:

___

___

Datum	Unterschrift des Mitarbeiters/ der Mitarbeiterin	Unterschrift der Führungskraft

Die Autoren

Rudolf Wimmer, Margit Oswald, Reinhart Nagel

Dr. Reinhart Nagel

Studium der Sozial- und Wirtschaftswissenschaften an den Universitäten Konstanz und Wien, Lehrbeauftragter an der Technischen Universität Wien sowie an der Universität Klagenfurt; Trainings- und Beratungserfahrung in Unternehmen und in der öffentlichen Verwaltung mit den Schwerpunkten Organisationsberatung, ganzheitliche Unternehmensentwicklung und strategische Unternehmensführung. Aufbau und Implementierung von Führungs- und Controllingsystemen.

Mag. Margit Oswald

Studium der Germanistik und Anglistik an der Universität Wien und in den USA. Gruppendynamikerin und Lehrberaterin der *ÖGGO* (Österreichische Gesellschaft für Gruppendynamik und Organisationsberatung). Mitglied der Hernstein-Fakultät, Wissenschaftliche Forschung und Beratung von Familienunternehmen, speziell in Übergabesituationen. Beratung von Strategie- und Transformationsprozessen in Unternehmen und Organisationen der öffentlichen Verwaltung. Konzeption und Leitung von inner- und überbetrieblichen Management-Entwicklungsprogrammen; Ausbildung von Trainer/innen und Berater/innen.

Prof. Dr. Rudolf Wimmer

Studien der Rechts- und Staatswissenschaften, der Politikwissenschaft und Philosophie in Wien, mehrjährige Forschungsaufenthalte in Deutschland und den USA; habilitiert für Gruppendynamik und Organisationsberatung an der Universität Klagenfurt; mit Beginn des Jahres 1999 Übernahme des Lehrstuhls für Führung und Organisation an der Universität Witten/Herdecke; spezialisiert auf Fragen der Strategieentwicklung und des Veränderungsmanagements sowie auf die Konzeption und Implementierung neuer Führungsstrukturen.

Kontaktadresse:

OSB international
Systemische Organisationsberatung
Volksgartenstraße 3/1
A-1010 Wien
Tel.: 0043/1/5260813,
e-mail: wien@osb-i.com, www.osb-i.com

Literaturverzeichnis

Baecker, D., *Postheroisches Management – ein Vademecum*, Berlin 1994.

–, „Experiment Organisation"; in: *Lettre International*; Frühjahr 1994, S. 22–26.

–, „Führung ohne Hierarchie?"; in: *Ratio* 4/1996, S. 9–10.

Bechinie, E., „Das kooperative Mitarbeitergespräch – ein Erfahrungsbericht zur Einführung und Praxis in einem Dienstleistungsunternehmen"; in: Selbach, R./Pullig, K.-K. (Hrsg.), *Handbuch Mitarbeiterbeurteilung*; Wiesbaden 1992, S. 489–514.

De Shazer, S., *Der Dreh – Überraschende Wendungen und Lösungen in der Kurzzeittherapie*, Heidelberg 1989.

Domayer, E., „Personalmanagement im Familienunternehmen"; in: *Hernstein Thema* 1/1997.

–/Timel, R./Vater, G., „Potentialfelder für Führung"; in: *Hernstein Thema* 1/1997.

Doppler, K., „Kommunikation als Schlüsselfaktor der Unternehmensentwicklung"; in: *Organisationsentwicklung* 3/1992, S. 40–56.

–/Lauterburg, Ch., *Change Management – den Unternehmenswandel gestalten*; 4. Aufl., Frankfurt a. M. 1995.

Fügel, L., „Mitarbeitergespräch – ein Continous Improvement Process im Bereich der Mitarbeiterführung"; in: *Personalführung* 5/1993, S. 408–415.

Hamel, W., „Zielsysteme"; in: Friese, E. (Hrsg.), *Handwörterbuch der Organisation*, 3. Aufl., Stuttgart 1992, S. 2634 f.

Kaplan, R./Norton, B., *Balanced Scorecard – Strategien erfolgreich umsetzen*, Stuttgart 1997.

Klima, V./Garbsch-Havranek, C., „Personalentwicklung in der ÖMV-Gruppe"; in: Dietzel, H.-U./Garbsch-Havranek, C. (Hrsg.), „Personal Management – die neue Praxis", Wien 1990.

Kunz, G., „Zielvereinbarungen – intentionale Gestaltung

der Unternehmensentwicklung"; in: *Organisationsentwicklung* 4/1998, S. 4–15.

Latham, G. P. /Locke, E. A., „Zielsetzung als Führungsaufgabe"; in: Kieser, A. u. a., *Handwörterbuch der Führung*; 2. Aufl., Stuttgart 1995, S. 2222 f.

Luhmann, N., *Ökologische Kommunikation – Kann die moderne Gesellschaft sich auf ökologische Gefährdungen einstellen?*, Opladen 1986.

–/Fuchs, P., *Reden und Schweigen*, Frankfurt a. M. 1989.

Maturana, H. R., *Erkennen: Die Organisation und Verkörperung von Wirklichkeit*, Braunschweig 1982.

–/Varela, F., *Der Baum der Erkenntnis – Die biologischen Wurzeln des menschlichen Erkennens*, Bern/München/Wien 1987.

Neuberger, O., *Das Mitarbeitergespräch*, Goch 1980.

Oechsler, W. A., *Personal und Arbeit – Einführung in die Personalwirtschaft unter Einbeziehung des Arbeitsrechts*, München/Wien 1994.

Penn, P., „Zirkuläres Fragen"; in: *Familiendynamik*, 1983, S. 194–220.

Pullig, K.-K., „Selbstbeurteilung im Rahmen der Personalentwicklung"; in: Selbach, R./Pullig, K.-K. (Hrsg.), *Handbuch Mitarbeiterbeurteilung*; Wiesbaden 1992, S. 145–164.

Schein, E. H., *Karriere Anker – Die verborgenen Muster in ihrer beruflichen Entwicklung*, Darmstadt 1992.

Schwarz, G./Heintel, P./Weyrer, M./Stattler, H. (Hrsg), *Gruppendynamik – Geschichte und Zukunft.* Festschrift für Trautgott Lindner, Wien 1993.

Schmidt, R.-B., „Führung durch Zielsetzung"; in: Kieser, A./Reber, G./Wunderer, R. (Hrsg.), *Handwörterbuch der Führung*; Stuttgart 1987, S. 2083–2092.

Selvini-Palazzoli, M. u. a., *Paradoxon und Gegenparadoxon*, Stuttgart 1978.

Senge, P. M., *Die Fünfte Disziplin*, Stuttgart 1996.

Simon, F. B., *Meine Psychose, mein Fahrrad und ich – Zur Selbstorganisation der Verrücktheit*, Heidelberg 1990.

Staehle, W. H., *Management – Eine verhaltenswissenschaftliche Perspektive*, München 1990.

Timel, R., „Neue Trends in der Personalarbeit"; in: *Hernsteiner* 3/1993, S. 29–33.

Traxler, H., „Das Mitarbeitergespräch muß ein lebendiges Werkzeug sein"; in: *Führungspraxis*, S. 13–14.

Wagner, P. „Eine Servicestation für Mitarbeiter – Über Ziele, Einführung und Probleme des strukturierten Mitarbeitergesprächs"; in: *Führungspraxis* 2/1993, S. 10–12.

Watzlawick, P./Krieg, P. (Hrsg.), *Das Auge des Beobachters – Beiträge zum Konstruktivismus*. Festschrift für Heinz von Foerster, München 1991.

–, „Wie lassen sich latente Strukturen beobachten?"; in: Watzlawick, P./Krieg, P. (Hrsg.), *Das Auge des Beobachters*, München 1991, S. 61–74.

Wegenberger, J., *Gute Gespräche fördern Mitarbeiter*, Wien 1998.

Willke, H., „Strategien der Intervention in autonome Systeme"; in: Baecker, D. u. a. (Hrsg.), *Theorie der Passion*, Frankfurt a. M. 1987, S. 333–361.

–, *Systemtheorie II – Interventionstheorie. Grundzüge einer Theorie der Intervention in komplexen Systemen*, Stuttgart 1994.

–, „Führung in systemischer Sicht"; in: *Ratio* 4/1996, S. 11–13.

Wimmer, R., „Der systemische Ansatz – mehr als eine Modeerscheinung?"; in: Gester, P. u. a. (Hrsg.), *Managerie-Jahrbuch für systemisches Management*; Heidelberg 1992, S. 70–104.

–, „Was kann Beratung leisten? Zum Interventionsrepertoire und zum Interventionsverständnis der systemischen Organisationsberatung"; in: Ders. (Hrsg.), *Organisationsberatung. Neue Wege und Konzepte*, 2. Aufl., Wiesbaden 1995, S. 59–111.

–, „Die Zukunft von Führung – Brauchen wir noch Vorgesetzte im herkömmlichen Sinn?"; in: *Organisationsentwicklung* 4/1996.